# PKPM

# 建筑结构设计及案例实战

梁瑛 何滔 黄晓瑜 编著

机械工业出版社

CHINA MACHINE PRESS

本书基于 PKPM V5.2.4.1 版本，详细展示了该软件在混凝土建筑结构、砌体结构和钢结构设计以及结构分析等方面的实践应用。全书由浅入深、循序渐进地展示了 PKPM 建筑结构软件的各相关界面、操作及设计命令的使用技巧和方法，并配合大量的制作实例，帮助读者更好地巩固所学知识。

　　本书立足于 PKPM 结构软件基础与建筑结构专业技能的实际应用，不仅可以作为高校、职业技术院校建筑和土木等专业的初、中级培训教程，还可以作为广大从事 BIM 建筑设计工作的技术人员的参考手册。

**图书在版编目（CIP）数据**

PKPM 建筑结构设计及案例实战／梁瑛，何滔，黄晓瑜编著 . —北京：机械工业出版社，2021.8（2023.8 重印）
ISBN 978-7-111-69173-0

Ⅰ.①P… Ⅱ.①梁…②何…③黄… Ⅲ.①建筑结构-计算机辅助设计-应用软件 Ⅳ.①TU311.41

中国版本图书馆 CIP 数据核字（2021）第 189674 号

机械工业出版社（北京市百万庄大街 22 号 邮政编码 100037）
策划编辑：丁 伦 责任编辑：丁 伦
责任校对：徐红语 责任印制：单爱军
北京虎彩文化传播有限公司印刷
2023 年 8 月第 1 版第 3 次印刷
185mm×260mm·12.5 印张·309 千字
标准书号：ISBN 978-7-111-69173-0
定价：89.90 元

电话服务　　　　　　网络服务
客服电话：010-88361066　机 工 官 网：www.cmpbook.com
　　　　　010-88379833　机 工 官 博：weibo.com/cmp1952
　　　　　010-68326294　金 书 网：www.golden-book.com
**封底无防伪标均为盗版**　机工教育服务网：www.cmpedu.com

# 前　　言

基于 BIM 的 PKPM 软件是中国建筑科学研究院建筑工程软件研究所研发的一款建筑工程管理软件，也是目前国内建筑工程界应用广泛、用户众多的一套计算机辅助设计系统。它是一套集建筑设计、结构设计、设备设计、工程量统计、概预算及施工软件等功能于一体的大型建筑工程综合 CAD 系统。近几年，随着建筑结构各项新规范的诞生，PKPM 系列软件也进行了较大的改进和更新。在操作菜单和界面上，尤其是在核心计算功能上，都针对新规范进行了较大的改动。

## 本书内容

全书共 6 章，主要内容如下。

第 1 章主要介绍 PKPM 建筑结构软件的软件入门知识，内容包括 PKPM 软件介绍、软件基本操作和数据文件的管理。

第 2 章主要介绍运用 PKPM 软件的 PMCAD 模块、SPASCAD 空间建模模块和 JCCAD 模块分别进行建筑上部结构建模和建筑下部结构建模（基础设计），使读者能够轻松掌握 PKPM 的相关建模指令和建模技巧等。

第 3 章主要介绍 PKPM 软件的基于 SATWE 核心的集成设计，整个设计流程包括 PMCAD 建模、SATWE 分析、LTCAD 楼梯设计与分析、JCCAD 基础设计与分析、砼施工图设计、基础与楼梯施工图设计等。本章不仅介绍了软件的相关指令及应用，还从实战出发，详解了相关结构设计参数的计算与取值。

第 4 章主要介绍 PKPM 软件的基于 PMASP 核心的集成设计，针对实际工程项目的结构设计与分析，展示了 PMCAD 结构建模、JCCAD 基础设计及 PMCAD 施工图设计的全流程。

第 5 章主要介绍了 PKPM 结构软件的 QITI 砌体结构设计模块在 BIM 建筑设计中的实战应用，内容包括砌体结构设计基础知识、QITI 砌体结构设计模块介绍、工程项目介绍、砌体结构建模与分析，以及 JCCAD 基础设计与分析等。

第 6 章主要介绍 PKPM 结构软件的 STS 钢结构设计模块在实际工程项目中的应用，钢结构设计主要有二维设计和三维设计，本章主要针对钢结构的三维设计和结构分析。完成钢结构设计之后又详细介绍了钢结构三维效果图的制作方法。

## 本书特色

本书是指导初学者学习 PKPM 结构软件的结构建模、结构计算与数据分析的标准教程。书中详细介绍了 PKPM 各系列模块及专业模块的强大建模、结构分析功能和专业知识的应用，主要特色如下。

- 采用由浅入深的内容展示流程。从软件界面开始，内容包括软件的基本操作、模块操作及行业应用。

- 涵盖建筑混凝土结构设计、砌体结构设计、钢结构设计及结构有限元分析和配筋计算等领域。
- 众多技术要点与提示，快速提升读者软件操作技能。
- 详细的建筑结构工程实战案例搭配全程案例演讲视频，极速助力读者技能提升。
- 资料包中包含所有实战案例的模型数据文件及软件实操的演示视频（扫封底二维码进入本书专属云盘下载）。

本书由桂林信息科技学院的梁瑛、何滔、黄晓瑜共同编写，还有多位 BIM 建筑结构设计工程师、知名大学教育专家和建筑软件开发公司一线工作人员提供了技术支持，特别是在编写过程中得到了北京构力科技有限公司的大力帮助，为广大 BIM 软件爱好者、学生、工厂员工提供了强大的软件技术和职业技能知识。

本书不仅可以作为高校、职业技术院校建筑和土木等专业的初、中级培训教程，还可以作为从事 BIM 建筑设计工作的技术人员的参考手册。

感谢您选择了本书，希望我们的努力对您的工作和学习能够有所帮助，也希望您把对本书的意见和建议告诉我们。

编　者

# 目　　录

## Chapter 4  第4章  基于 PMASP 核心的结构分析案例    94

## Chapter 5  第5章  QITI 砌体结构设计与分析案例    123

## Chapter 6  第6章  STS 钢结构设计与分析案例    153

# 第1章　PKPM 结构设计入门

【本章导读】

　　PKPM 系统软件是目前国内建筑工程界应用广泛、用户众多的一套计算机辅助设计系统。它是一套集建筑设计、结构设计、设备设计、工程量统计、概预算及施工软件等于一体的大型建筑工程综合 CAD 系统。近几年，随着建筑结构各项新规范的诞生，PKPM 系列软件也进行了较大的改进和更新。在操作菜单和界面上，尤其是在核心计算功能上，都针对新规范进行了较大的改动。本章对 PKPM 系列软件的特点、界面组成及软件的基本操作、数据文件的管理等进行了详细介绍，帮助读者轻松入门 PKPM。

## 1.1　PKPM 系列软件简介

　　基于 BIM 的 PKPM 软件是中国建筑科学研究院建筑工程软件研究所研发的一款建筑工程管理软件。

　　PKPM 软件最早只有两个模块：PK（排架框架设计）和 PMCAD（平面辅助设计），因此合称为 PKPM。PKPM 软件发展到现在，这两个模块依然存在，功能也随之大大加强了，另外也加入了功能更为强大的其他模块。

### 1.1.1　PKPM 软件发展历程

　　PKPM 是一个系列，除了建筑、结构、设备（给排水、采暖、通风空调、电气）设计于一体的集成化 CAD 系统以外，目前还有建筑概预算系列（钢筋计算、工程量计算、工程计价）、施工系列软件（投标系列、安全计算系列、施工技术系列）、施工企业信息化（目前国内很多特级资质的企业都在用 PKPM 的信息化系统）。

　　PKPM 在国内设计行业占有绝对优势，市场占有率约 90% 以上，现已成为国内主流的 CAD 系统。它紧跟行业需求和规范更新，不断推陈出新开发出对行业产生巨大影响的软件产品，使得这款国产自主知识产权的软件十几年来一直占据我国结构设计行业应用和技术的主导地位。及时满足了我国建筑行业快速发展的需要，显著提高了设计效率和质量，为实现建设部提出的"甩图板"目标做出了重要贡献。

　　中国建筑科学研究院建筑工程软件研究所近年来在建筑节能和绿色建筑领域做了多方面拓展，在节能、节水、节地、节材、保护环境方面发挥重要作用，其开发的建筑节能类设计、鉴定分析软件已推广覆盖全国大部分地区。在规划、节地方面有三维居住区规划设计软件、三维日照分析软件、场地工程和土方计算软件。在环境方面有园林设计软件、风环境计算模拟软件、环境噪声计算分析系统。还有中国古典建筑设计软件、三维建筑造型大师软件、建筑装修设计软件。

　　概预算软件是承前启后的关键环节，它上可以接力设计软件，下可以接施工和项目管理。PKPM 概预算软件完成工程项目的工程量统计、钢筋统计、造价分析报表等，配备了全国各省地市的建筑、安装、市政、园林、装修、房修、公路、铁路等方面的最新定额库，建立了工程材料信息价网站，并适应各地套价、换算、取费的地方化需求。

在建筑工程的工程量统计和钢筋统计上，软件可以接力 PKPM 设计软件数据自动完成统计计算。还可以转化图纸的 AutoCAD 电子文件，从而大大节省了用户手工计算工程量的巨大工作量，并使从基础、砼（混凝土的意思）、装修的工程量统计到梁、板、柱、墙等的钢筋统计效率和准确性大大提高。

施工系列软件面向施工全过程中的各种技术、质量、安全和管理问题，提供高效可行的技术解决方案。主要产品包括由项目进度控制的施工计划编制，工程形象进度和建筑部位工料分析等；由控制施工现场管理的施工总平面设计，施工组织设计编制、技术资料管理、安全管理、质量验评资料管理等；施工安全设施和其他设施设计方面的深基坑支护设计、模板设计、脚手架设计、塔吊基础和稳定设计、门架支架井架设计、砼配合比计算、冬季施工设计，工地用水用电计算及常用计算工具集、常用施工方案大样图集图库等。

PKPM 系统在提供专业软件的同时，提供二维、三维图形平台的支持，从而使全部软件具有自主知识版权，为用户节省了购买相关图形平台的巨大开销。跟踪 AutoCAD 等国外图形软件先进技术，并利用 PKPM 庞大用户群广泛的实际应用，在专业软件发展的同时，带动了图形平台的发展，成为国内成熟的图形平台之一。

PKPM 目前已开发出多国版本并进入了多个国家和地区，真正成为了国际化产品，提高了国产软件在国际竞争中的地位和竞争力。

现在，PKPM 已经成为面向建筑工程全生命周期的集建筑、结构、设备、节能、概预算、施工技术、施工管理、企业信息化于一体的大型建筑工程软件系统，以其全方位发展的技术领域确立了在业界的领先地位。

## **1.1.2** PKPM 结构设计软件介绍

目前，PKPM 的主流版本为 PKPM V5.2.4.1（后续版本更新可查阅其官网），官网向用户提供了该软件的下载链接，下载软件并完成安装后，可以在官网注册账号并申请软件试用，如图 1-1 所示。

图 1-1　在官网中下载软件并申请试用的页面

**1. PKPM 结构设计模块**

完成 PKPM 软件安装并成功申请试用后，在桌面上双击【PKPM V52】图标 ，启动 PKPM 结构软件的主页界面，如图 1-2 所示。

图 1-2　PKPM 结构软件主页界面

在主页界面的左侧区域，可以查看该软件的在线更新、改进说明、用户手册等帮助文件，以便用户可以对软件有一个初步的了解。还可以单击【参数设置】选项进行 PKPM 的结构设计软件的全局参数进行设置。

提示：

在主页界面的左侧区域单击【用户手册】选项，可以打开【用户手册】对话框，如图 1-3 所示。通过【用户手册】对话框，可以了解 PKPM 结构软件相关模块的功能和使用手册。因此，本书并不把软件的功能指令作为重点进行介绍，而是以实战案例的形式来介绍结构专业的设计流程和软件操作技能。

图 1-3　查看 PKPM 软件的"用户手册"

在主页界面的顶部有 9 个选项卡,各自代表了 PKPM 的组成模块。在每一个选项卡(或模块)下,又各自包含了若干分模块。在【结构】选项卡(模块)中就包含了【SATWE 核心的集成设计】【PMSAP 核心的集成设计】【Spas + PMSAP 的集成设计】【PK 二维设计】【数据转换接口】和【TCAD、拼图和工具】等分模块。

在每一个分模块中,可从主页界面右上角的专业模块列表中选择不同的专业模块,如图 1-4 所示。

图 1-4  PKPM 的模块组成

PKPM 是以建筑混凝土结构设计与分析为主的软件,因此这里为节省篇幅,仅介绍【结构】选项卡(模块)中的分模块。

- SATWE 核心的集成设计:该分模块是基于 SATWE 分析设计的结构设计与分析的集成设计环境,可解决多层及高层结构设计难题,主要由结构建模、SATWE 分析设计、SATWE 结果查看、基础设计、复杂楼板设计、弹塑性时程分析、静力推覆分析、砼结构施工图、砼施工图审查、结构工程量统计、钢结构施工图、楼梯设计、工具集和 SAUSAGE 等专业模块组成。

- PMSAP 核心的集成设计:该分模块是基于 PMSAP 分析设计的集成设计环境,可解决复杂多层及高层结构设计难题,主要由结构建模、PMSAP 分析设计、PMSAP 结果查看、基础设计、弹塑性时程分析、静力推覆分析、砼结构施工图、砼施工图审查、结构工程量统计、钢结构施工图、工具集等专业模块组成。

- Spas + PMSAP 的集成设计:该分模块是基于空间结构建模和 PMSAP 分析设计的集成设计环境,可以解决建模阶段的复杂空间结构设计难题,更加精确地把握设计结果,主要由空间建模与 PMSAP 分析、PMSAP 结果查看、基础设计、弹塑性时程分析、静力推覆分析、砼结构施工图、结构工程量统计、钢结构施工图、工具集等专业模块组成。

技术要点:

对于不同性质的结构设计对象,要合理选择具有针对性解决问题的集成设计环境,以便于强调模块之间的整体性和流畅性,并减少模块之间的切换操作。

- PK 二维设计：该分模块是在二维平面中进行结构设计和有限元分析的集成设计环境，包括 PK 二维设计和 PMCAD 形成 PK 文件等专业模块。
- 数据转换接口：该分模块用于 PKPM 和其他工程软件之间的模型数据转换。
- TCAD、拼图和工具：该分模块包括图形编辑与打印、DWG 拼图和复杂任意截面编辑器等专业模块。

下面介绍以上专业模块列表中的各专业分模块。

- "结构建模"（PMCAD）模块：PMCAD 是整个 PKPM 软件系统的核心，也是剪力墙、高层空间三维分析和各类基础 CAD 的必备接口模块，还是建筑 CAD 与结构的必要接口。PMCAD 通过人机交互方式输入各层平面布置和外加荷载信息后，可自动计算结构自重并形成整栋建筑的荷载数据库，由此数据可自动给框架、空间杆系薄壁柱、砖混计算提供数据文件，也可为连续次梁和楼板计算提供数据。PMCAD 可进行砖混结构及底框上砖房结构的抗震分析验算，计算现浇楼板的内力和配筋并画出板配筋图，绘制出框架、框剪、剪力墙及砖混结构的结构平面图，以及砖混结构的圈梁、构造柱节点大样图。
- "SATWE 分析设计"模块：SATWE 是 PKPM 专门为高层结构分析与设计而开发的基于壳元理论的三维组合结构有限元分析模块，其核心是解决剪力墙和楼板的模型化问题，尽可能地减小其模型化误差，提高分析精度，使分析结果能够更好地反映出高层结构的真实受力状态。
- "SATWE 结果查看"模块：该模块是基于用户已经完成了结构建模和 SATWE 分析设计后而进行分析结构查看的功能模块。
- "基础设计"（JCCAD）模块：该模块用于多层或高层建筑结构中的基础设计，能够创建的基础类型包括独立基础、墙下条形基础、弹性地基梁基础、带肋筏板基础、柱下平板基础、墙下筏板基础、柱下独立桩基承台基础、桩筏基础、桩格梁基础等，以及单桩基础设计。
- "复杂楼板设计"（SLABCAD）模块：该模块主要用于地下室顶板（无梁楼盖、十字梁结构、井字梁、加腋楼板结构等）、独立基础抗浮防水板、人防地下室的顶板、预应力楼板及转换层结构的厚板等。该模块采用楼板有限元计算分析方法，适用于各种形状的复杂楼板。
- "弹塑性时程分析"（EPDA）模块：该模块是用于建筑结构的弹塑性动力分析，了解结构的弹塑性抗震性能，以指导小震结构设计。
- "静力推覆分析"（PUSH）模块：该模块是用于建筑结构的弹塑性静力分析，确定建筑结构的薄弱层以及进行相应的建筑结构薄弱层验算。
- "砼结构施工图"模块：该模块是 PKPM 设计系统的主要组成部分之一，其核心功能是辅助用户完成上部结构各种混凝土构件的配筋设计，并绘制施工图。该模块包括梁、柱、墙、板及组合楼板、层间板等多个子模块，用于处理上部结构中最常用到的各大类构件。
- "砼施工图审查"模块：该模块主要是针对砼结构施工图的审查，可以审查 DWG 文件、PKPM 模型及 YJK（盈建科）数据文件等。
- "结构工程量统计"（STAT-S）模块：该模块主要用于结构中各层主要构件的混凝土

及钢筋量的统计、所有楼层的结构汇总、单位面积材料的用量计算、读取 PMCAD、SATWE、TAT 以及 PMSAP 计算结果、读取平法施工图结果等。

- "钢结构施工图"模块：该模块主要用于钢结构的连接设计施工图设计。使用该模块的前提条件是要先完成 SATWE 分析计算。
- "楼梯设计"（LTCAD）模块：该模块以人机交互方式建立各层楼梯的模型，继而完成钢筋混凝土楼梯的结构计算、配筋计算及施工图的绘制。LTCAD 模块不是独立的模块，它与 PMCAD 结构模块接力使用。
- "工具集"模块：该模块是综合的结构构件设计与钢筋计算的工具集合。可用于混凝土构件、钢结构构件、吊车梁构件、排架节点及复杂截面等的结构设计与钢筋计算。
- "SAUSAGE"模块：该模块是建筑结构非线性计算模块，适用于超限结构分析，计算准确、高效，使用方便，后处理结果丰富。
- "PMSAP 分析设计"（PMSAP）模块：PMSAP 模块是 PKPM 中独立于 SATWE 模块而单独开发的又一个多、高层建筑结构设计程序，在程序总体结构的组织上采用了通用程序技术，这使其在分析上具备通用性，可以适用于任意的结构形式。它在分析上直接针对多、高层建筑中所出现的各种复杂情形，在设计上则着重考虑了多、高层钢筋混凝土结构和钢结构。PMSAP 的推出，顺应了多、高层建筑发展本身以及高层规程的要求，为用户提供了一个进行复杂结构分析和设计的强力工具。
- "空间建模与 PMSAP 分析"（SPASCAD + PMSAP）模块：这是一个结合 SPASCAD 空间建模模块和 PMSAP 分析设计模块的集成模块。SPASCAD 空间建模模块与 PAM-CAD 结构建模模块有所不同。PMCAD 结构建模模块负责建立整栋建筑的模型数据，是 PKPM 结构设计系列软件的入口和核心。SPASCAD 空间建模模块采用了真实空间结构模型输入的方法，适用于各种建筑结构，弥补了无法划分楼层的结构及 PMCAD 不能建模的问题。
- "PK 二维设计"模块：该模块主要应用于平面杆系二维结构计算和接力二维计算的框架、连续梁、排架的施工图设计。PK 二维设计模块本身提供一个平面杆系的结构计算软件。接力计算结果，可完成钢筋混凝土框架、排架、连续梁的施工图辅助设计。

提示：

> 除了在 PKPM 主页界面中选择所需专业模块进入至工程项目设计环境中，还可以进入工程项目设计环境后再选择不同的专业模块切换到其他专业模块的设计环境中。

**2. 进入 PKPM 结构设计软件环境**

在主页界面中选择一个分模块（如【SATWE 核心的集成设计】）并在专业模块列表中选择所需专业模块（如【结构建模】）后，单击【新建/打开】按钮，弹出【选择工作目录】对话框。通过该对话框设置工作目录（即用户创建项目后要保存工程文件的路径），接着单击【确认】按钮，完成工作目录的设置后在主页界面中会新建一个工作目录的引导文件，如图 1-5 所示。

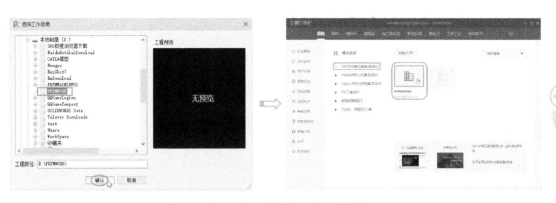

图1-5　设置工作目录创建工作目录引导文件

提示：

用户可将主页界面中多余或者不需要显示的工作目录文件按 Delete 键删除。

双击这个新建的工作目录引导文件（简称工作目录文件或目录文件）系统会自动创建一个工程文件并进入 PKPM 结构建模设计环境中。进行结构设计相关操作前，系统会弹出【请输入工程名】对话框，提示输入工程项目名称后单击【确定】按钮，即可进行结构设计工作。PKPM 结构建模设计环境界面的组成如图1-6 所示。

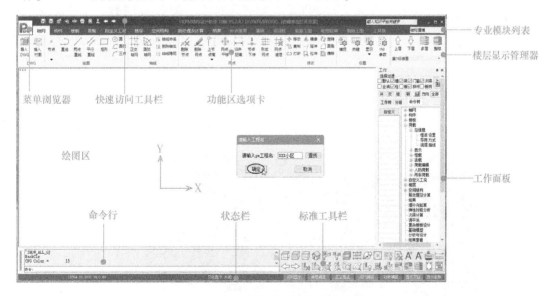

图1-6　PKPM 结构建模设计环境

提示：

如果是新建工程项目，则要输入新工程名，如果之前已经完成了工程项目设计，可在【请输入工程名】对话框中单击【查找】按钮，将之前的工程项目文件打开即可继续进行结构设计相关工作。

## 1.2 PKPM 的基本操作

若想学好、用好 PKPM 软件，除了熟悉软件界面环境还要熟练掌握 PKPM 软件的基本操作，下面介绍一些常用的软件基本操作。

### 1.2.1 软件环境界面的基本操作

PKPM 的软件环境界面布局为 Ribbon 界面形式，也就是常说的功能区与选项卡的布局形式。下面针对这个 Ribbon 界面进行基本操作。

**1. 收起与展开功能区选项卡**

有时为了更大化地显示图形区中的结构模型，需要将功能区收拢。其操作方法是：在功能区已经打开的某一个选项卡中（如【轴网】选项卡），双击选项卡的标签名（如"轴网"标签）即可收拢功能区，如图 1-7 所示。

图 1-7  收拢功能区

如果觉得收拢得不够，还可以继续双击选项卡的标签名进一步收拢功能区，最多可以收拢三次，第三次收拢的效果如图 1-8 所示。此后再双击选项卡的标签名即可恢复到原始大小。

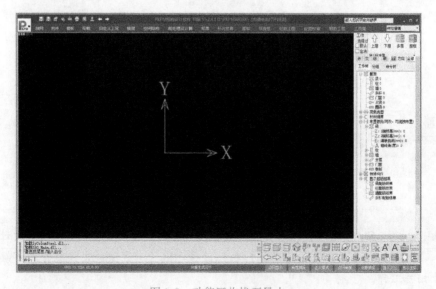

图 1-8  功能区收拢至最小

**2. 滚动展开选项卡中的命令**

当 PKPM 软件窗口中无法完全展示选项卡中的所有命令时，可以在选项卡的命令面板中滚动鼠标滚轮，可滚动显示选项卡中隐藏的命令。例如【轴网】选项卡中的【修改】面板和【设置】面板因软件窗口太小而无法完全展示所有命令时，可以滚动鼠标滚轮来展示这两个命令面板，如图1-9所示。

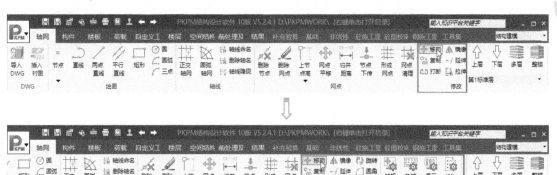

图 1-9  滚动显示隐藏的命令面板

**3. 命令面板中的下三角按钮**

在功能区选项卡的某些命令面板中，有些同类型构件对象的创建命令是归纳在一起的，这便于用户能快速找到并使用这些工具命令来创建构件。归纳在一起的这些命令集合，第一个命令会显示在命令面板中，其余命令会被收拢起来，当光标放置于下三角按钮 ▼ 时将展开收拢的命令，如图1-10所示。

📖提示：

本书后续章中在描述执行类似于这种被收拢的命令时，将会简化描述为"在功能区【轴网】选项卡的【绘图】面板中单击【节点】|【定数等分】按钮 ⚡"。

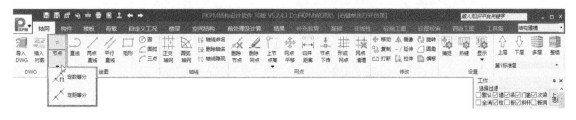

图 1-10  展开收拢的命令

**4. 对话框的最小化和最大化**

在建模时，当执行了某个命令后会弹出该命令的创建对话框，这个对话框会默认停靠在图形区的左上角。如果用户觉得这个对话框在该位置上会影响工作，可以单击对话框右上角的图钉按钮 📌 将对话框最小化显示，如图1-11所示。再单击这个图钉按钮，将最大化显示对话框。

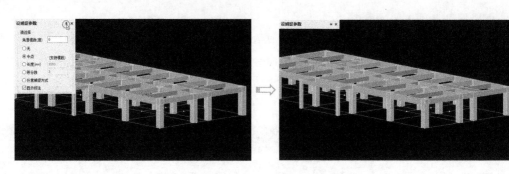

图 1-11  最小化显示对话框

**5. 工作树的显示与隐藏**

在图形区右侧是工作树（也叫"工作面板"），当用户不小心关闭了工作面板，可在下方的标准工具栏中单击【打开工作树】按钮 ，显示该工作面板。再次单击此按钮会关闭工作面板。

### 1.2.2 视图的显示与操控

视图的显示样式与视图的操控是学习软件基本的操作之一。在 PKPM 中，视图的显示样式是通过标准工具栏中的按钮来设置的。

**1. 视图状态及显示控制**

PKPM 为用户提供了 3 个基本视图和 1 个轴测视图。这 3 个视图是基于国标的第一角投影法来确定。可通过单击标准工具栏中的【平面视图】按钮 、【正视图】按钮 和【右视图】按钮 来切换标准视图状态，单击【轴测视图】按钮 ，可切换到轴测视图状态，如图 1-12 所示。

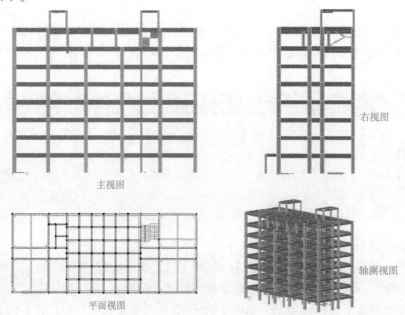

主视图

右视图

平面视图

轴测视图

图 1-12  3 个基本视图和 1 个轴测视图

其他控制视图显示样式的按钮工具介绍如下。

- 区域显示：区域显示用于显示结构模型的局部区域，如图1-13所示。操作方法是，先选取（可单选或框选）要单独显示的对象，然后单击【区域显示】按钮。

图1-13　区域显示对象

- 全部显示：当区域显示了结构模型的某个区域后，可单击【全部显示】按钮，恢复整个结构模型的显示。
- 三维线框图：单击此按钮，以三维线框的显示样式来显示结构模型（默认情况下是着色显示结构模型），如图1-14所示。
- 单线显示：单击此按钮，结构模型以单线来表示梁、柱构件，如图1-15所示。

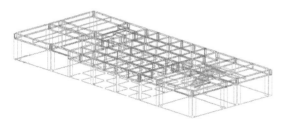

图1-14　三维线框显示对象

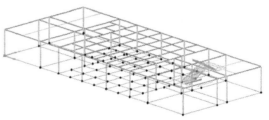

图1-15　单线显示对象

- 充满显示：当用户调整了结构模型在视图中的位置和大小后，可单击此按钮，以充满整个视图窗口的方式来显示结构模型，如图1-16所示。

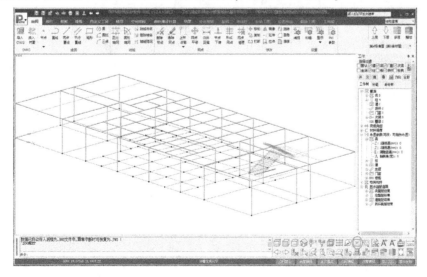

图1-16　充满显示对象

- 衬图显示与隐藏 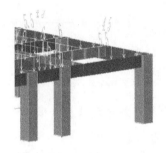（此处指图标）：衬图是把 DWG 图（自动转为 PKPM 的二维 T 图）或 T 图以灰色或彩色的方式衬在 PMCAD 的图下并可捕捉，以提供一些建模辅助手段、模型比对和定位等功能，类似于 AutoCAD 中的参考图。不需要衬图时，单击【衬图显示与隐藏】按钮可关闭此图，要显示此图则再次单击此按钮即可。

- 关闭衬图：单击此按钮可删除插入的衬图。

- 字体放大 **A**：单击此按钮，可以放大显示荷载值（文本），如图 1-17 所示。

- 字体缩小 **A**：单击此按钮，可以缩小显示荷载值（文本），如图 1-18 所示。

图 1-17　放大显示字体

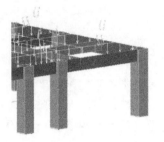

图 1-18　缩小显示字体

- 显示截面：此工具用于显示构件的截面尺寸或偏心标高。单击此按钮，在弹出的【截面显示】对话框中勾选要显示截面的构件类型，单击【确定】按钮即可显示构件的截面尺寸或是偏心标高，如图 1-19 所示。

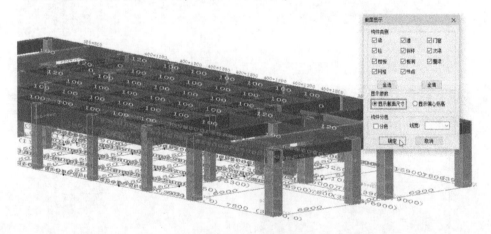

图 1-19　显示截面

- 开/关梁尺寸：若要单独显示或关闭显示梁截面尺寸，可以单击此按钮。

- 开/关柱尺寸：若要单独显示或关闭显示柱截面尺寸，可以单击此按钮。

- 开/关墙尺寸：若要单独显示或关闭显示墙截面尺寸，可以单击此按钮。

- 开/关板厚：若要显示或关闭板厚度尺寸，可以单击此按钮。

- 构件开关：单击此按钮，弹出【请选择】对话框。通过此对话框可以显示或隐藏视图中的构件，如图 1-20 所示。在功能区【轴网】选项卡的【设置】面板中单击【显示】|【构件开关】按钮，也会弹出【请选择】对话框。

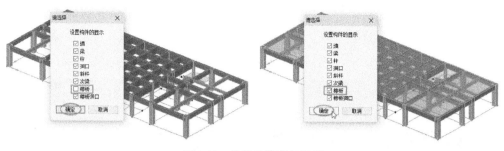

图 1-20　构件的隐藏与显示

**2. 视图的操控**

常见的视图操控动作包括视图的平移、缩放和旋转。视图操控的键鼠命令如下。

- 平移视图：按下鼠标中键（以下简称中键）在视图中拖动光标可平移视图。
- 缩放视图：滚动鼠标滚轮键。往上滚动滚轮将放大视图，往下滚动则缩小视图。
- 旋转视图：按下 Ctrl 键 + 中键，可旋转视图，旋转中心为光标位置点。也可在标准工具栏中单击【三维旋转】按钮来旋转视图。
- 环绕视图：按下 Shift 键 + 中键，可环绕视图，旋转中心为工作坐标系的原点。

**3. 显示设置**

PKPM 项目设计环境的显示设置包括颜色设置和对象显示设置。

（1）颜色设置

在功能区【轴网】选项卡的【设置】面板中单击【显示】|【构件颜色】按钮，弹出【构件颜色设置】对话框，如图 1-21 所示。在对话框的【构件颜色方案】下拉列表中可以选择用户喜好的颜色方案，也可以对某种颜色方案中的单个构件颜色进行重新选择。

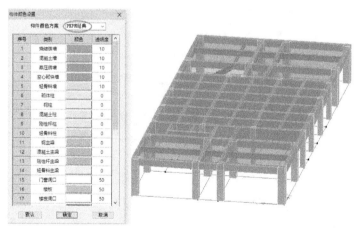

图 1-21　构件颜色的设置

在功能区【轴网】选项卡的【设置】面板中单击【显示】|【背景颜色】按钮，弹出【背景颜色设置】对话框。在该对话框中可以设置图形区的背景颜色或者背景图像，如图 1-22 所示。

（2）几何对象显示设置

在功能区【轴网】选项卡的【设置】面板中单击【捕捉】按钮，弹出【捕捉和显示设置】对话框。在该对话框的【显示设置】选项卡中，可以对项目设计环境中的几何对象的绘图精度、字体样式、颜色效果、多图显示、显示样式、透视方式、图形驱动方式等进行设置，如图 1-23 所示。

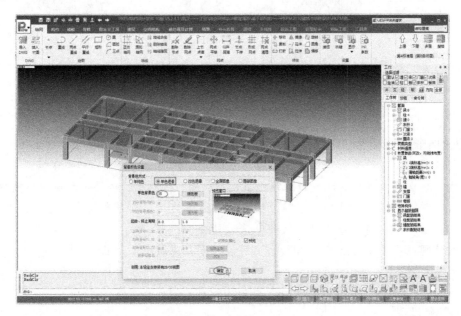

图 1-22　设置背景颜色

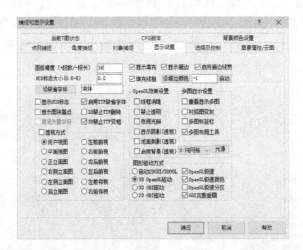

图 1-23　【捕捉和显示设置】对话框中的显示设置

## 1.2.3　构件的选择

PKPM 中构件对象的选择方式包括常规选择和过滤选择两种。

### 1. 常规选择方式

常规选择方式主要是指单个对象的选择、多个对象的选择、框选选择和窗交选择等选择方式。

- 单个对象的选择：在图形区中要选择的对象上单击鼠标即可，选中的对象呈高亮显示。

- 多个对象的选择：在图形区中连续选取对象，系统自动判断为多个对象的选择。
- 框选选择：框选选择是采用绘制矩形框的形式可以一次性选取多个对象，仅仅是矩形框内的对象被选取，与矩形框相交或矩形框外的对象不被选取。绘制矩形框的方法是从左往右绘制。
- 窗交选择：窗交选择也是采用绘制矩形框的形式一次性选取多个对象，与矩形框相交和矩形框内的对象被自动选取。绘制矩形框的方法是从右往左绘制。

 技术要点：

选取构件对象后，可以按Shift键反选对象（即取消选择该对象）。

**2. 过滤选择方式**

当工程项目中存在多种类型且数量较多的构件时，可以采用过滤选择的方式来快速选取构件对象。

在图形区窗口的右侧是工作面板，工作面板的顶部是选择过滤器，如图1-24所示。

图 1-24　工作面板中的选择过滤器

- 默认：选择【默认】选择过滤器，【梁】【墙】【柱】【门窗】【次梁】【斜杆】等选择过滤器被选中，此时可在图形区中选择梁、墙、柱、门窗、次梁、斜杆等构件。
- 全消：选择【全消】选择过滤器，被选中的选择过滤器会自动取消。
- 上次选择：单击此按钮，可以返回到上一次的过滤选择。

若要在图形区中精确选择某一类型的构件（如梁），请选择【梁】选择过滤器，然后在图形区中采用框选对象的方式快速选择所有的梁构件，如图1-25所示。其他类型构件均可采用此方法进行快速选取。

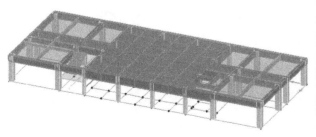

图 1-25　过滤选择梁构件

在工作面板底部有四个文字按钮：【并】【交】【组】和【刷】。这四个文字按钮主要用于【工作树】选项卡（后面章节中将此选项卡简称为"工作树"）中的节点对象。其含义如下。

 技术要点：

工作树为用户提供了一种全新的构件选择方式，可实现以前版本不具备的选择、编辑交互等功能。工作树的树表提供了PKPM中已定义的各种截面、荷载、属性，反过来可作为选择过滤条件，同时也可由树表内容看出当前模型的整体情况。

- 按钮：此按钮用于工作树中节点构件的快速选取，是一种并联的选择集合。举例说明用法，如在【截面】|【梁8】树节点下按下 Ctrl 键或 Shift 键选择 "1（1 矩形 350 * 700）" 和 "2（1 矩形 350 * 800）" 构件对象，再单击 按钮，在图形区中将高亮显示这两种矩形梁构件类型，如图 1-26 所示。对于工作树中的荷载类型、材料强度类型、布置参数类型、特殊构件类型及显示钢筋超限类型等，均可以进行对象的并联选择操作。

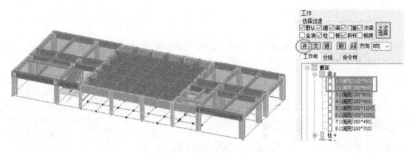

图 1-26　并联选择构件对象

- 按钮：单击此按钮，可以在工作树中交集选择对象。此工具用于不属于同一类型的对象，如在截面类型中先选取一个梁构件，按 Ctrl 键或 Shift 键再在荷载类型中选取一个梁荷载对象，此时再单击 按钮，两种类型的交集部分（意思是所选的梁荷载对象中一定包含有截面类型下的梁构件）被选中，且呈高亮显示，如图 1-27 所示。

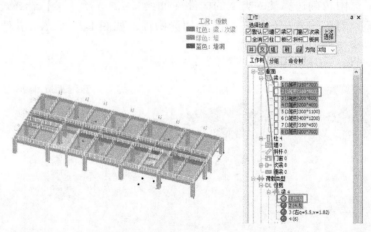

图 1-27　交集选择不同类型的对象

- 按钮：在图形区中选取要创建选择组的构件对象，单击 按钮后，将创建一个选择组（或称"选择集"）。
- 按钮：单击此按钮将刷新工作树，系统会自动清除选择。

### 1.2.4 命令的执行方式与定义热键

PKPM 中命令的执行方式分两种，一种在功能区选项卡中单击命令按钮来执行，另一种就是大家熟知的类似于 AutoCAD 软件的在命令行中输入命令来执行。

对于软件新手来说，常用的命令执行方式就是在功能区中单击命令按钮，因为按钮旁均配备文字说明，一目了然。在日常工作中，熟练的软件操作可以提供工作效率，这就需要使用快捷键命令（也称热键命令）。功能区【轴网】选项卡中的相关按钮命令与 AutoCAD 软件的二维绘图命令是大致相同的，其快捷键命令也是大致相同的。例如，在命令行中输入 L，回车（或者按 Enter 键）确认命令后即可绘制直线，其绘制效果等同于在【轴网】选项卡的【绘图】面板中单击【两点直线】按钮 。

若是用户没有 AutoCAD 软件的使用经历，要想知道结构建模的快捷命令，可在【轴网】选项卡的【设置】面板中单击【热键】按钮 ，弹出【快捷键定义】对话框，如图 1-28 所示。

在该对话框左侧的【菜单命令】列表中列出了功能区中所有的选项卡及面板，右侧的【快捷键列表】中则显示某个选项卡或面板中的功能指令，默认情况下系统会提供一些快捷键命令。

图 1-28 【快捷键定义】对话框

如果用户常用的命令没有配备快捷键命令，可以在该命令的【快捷键】一列中单击文本框，输入自定义的快捷命令即可，新的快捷命令不能与系统提供的快捷键命令相同。

执行某个命令后有三种方式可以结束命令：第一种是按 ESC 键结束命令；第二种是单击鼠标右键来结束命令；第三种就是按空格键结束命令。

如果需要重复执行前一个命令，可以按 Enter 键、按空格键或单击鼠标右键（必须在空白区域单击）。如果在某一个构件或几何对象上单击鼠标右键，会弹出该对象的【构件信息】对话框，以便查询该对象的几何属性。

## 1.2.5 精确建模的辅助工具

在 PKPM 中绘图时，时常需要借助一些工具来完成复杂图形的绘制。比如点的捕捉、正交绘制线段、捕捉角度绘制图形等。下面介绍这些常用的辅助工具。

**1. 借助状态栏中的辅助工具**

在 PKPM 结构建模设计环境界面底部的状态栏中，有几个用于辅助绘图的按钮开关，介绍如下。

- 【点网显示】按钮开关：点网就是由一些点按照矩形阵列的方式所形成的点阵。默认情况下点网是不显示的，单击【点网显示】按钮（或按 Ctrl + F2 快捷键）可在图形区中显示点网，再单击可关闭点网显示。按 F9 键打开【捕捉和显示设置】对话框来修改点的阵列间距，如图 1-29 所示。点网仅仅在 3 个基本视图中显示。
- 【点网捕捉】按钮开关：单击此按钮，可打开点网捕捉，即绘制图形时光标会停留在点网中的点上，而不会停留在点与点之间。它的作用是帮助用户在绘制二维图形时快速找到图形位置点，以及判断图形中几何对象之间的相对位置。

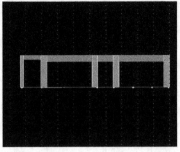

图 1-29　设置点网

- 【角度捕捉】按钮开关：【角度捕捉】按钮开关用于控制斜线的绘制，在确定斜线的终点时光标会在预定的角度上停留。比如绘制一段与水平线呈 30°的斜线，光标会在 30°停留，再确定斜线长度，单击鼠标即可完成绘制，按 F9 键打开【捕捉和显示设置】对话框来定义预设角度，如图 1-30 所示。

图 1-30　绘制斜线并预设捕捉角度

- 【正交模式】按钮开关：单击此按钮开启正交模式，将限制光标的运动方向，例如绘制直线时，只能绘制水平线和竖直线，不能绘制自由角度的斜线。
- 【对象捕捉】按钮开关：单击此按钮开启对象捕捉模式。可以帮助用户精确捕捉到一些特殊点，如顶点、中点、圆心、基点、垂足、平行、切点、近点、延伸点……例如，在一个矩形的顶点上绘制一个圆，执行【圆】命令后，捕捉矩形的一个顶点作为圆心，然后完成圆的绘制。按 F9 键打开【捕捉和显示设置】对话框来设置对象捕捉，如图 1-31 所示。

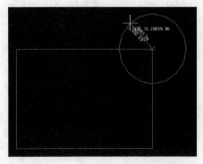

图 1-31　捕捉顶点绘制圆并设置对象捕捉

- 【显示叉丝】按钮开关："叉丝"指的是光标十字线。显示叉丝可以帮助用户进行水平或竖直方向的快速对齐或移动操作。
- 【显示坐标】按钮开关：此按钮开关控制显示与隐藏视图中的坐标系。

### 2. 自定义捕捉

当用户在图形区中绘制直线、平行线、折线及圆弧时，执行绘图命令后，除了使用状态栏中的辅助工具来完成精确绘制外，还可以在弹出的【设捕捉参数】对话框中设置点的捕捉方式，如图1-32所示。

【设捕捉参数】对话框提供了自定义的捕捉单选选项，方便切换要用的捕捉点，同时不需要的点又不会成为干扰。该对话框中包含中点、长度、等分数、角度模数及任意捕捉方式，端点捕捉始终默认开启。勾选【显示标注】复选框，在绘制过程中可以显示尺寸标注，绘制完成后并不会显示尺寸标注。

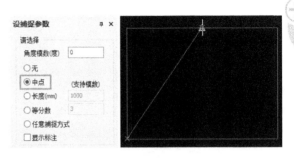

图1-32　绘制过程中设置点的布置

## 1.3　PKPM 数据文件管理

PKPM 的数据文件在新建项目时就已经自动创建了，只不过没有详细的结构设计与分析数据信息。接下来介绍 PKPM 结构设计项目文件的保存、导入、导出、输出及与其他 BIM 软件的模型数据的转换等。

### 1.3.1　建立与保存 PKPM 模型文件

在 PKPM 软件的主页界面中单击【新建/打开】按钮，在选择工作目录路径后自动创建模型数据文件并进入到结构建模设计环境中。

#### 1. 数据文件的存取设置

考虑到模型数据的保存，要提前在主页界面中进行数据文件的存取管理设置。在主页界面左侧单击【模型打包】按钮，弹出【PKPM 设计数据存取管理】对话框。在该对话框中可以设置当前工程项目的工作目录和数据文件的保存位置，或者选择前面已经创建好的工程项目，然后在数据存取列表中勾选要保存的数据类型选项，系统会保存勾选的数据类型。如果不勾选数据存取类型选项，则系统会自动全部保存这些数据类型，如图1-33所示。

#### 2. 模型文件的保存

进入结构建模设计环境中以后，完成建筑结构设计及分析计算后，可以保存模型数据文件。PKPM 提供以下 5 种保存方式。

- 保存🖫：在快速访问工具栏中单击【保存】按钮🖫，将按照【PKPM 设计数据存取管理】对话框中的存取设置进行数据保存。
- 另存为🖫：单击此按钮，只能将"PM 建模数据（或称模型数据）"文件保存，该数据文件的扩展名为 jws。
- 存为旧版🖫：单击此按钮，可将高版本的 PKPM V5.2.4.1 软件的模型数据文件保存为低版本 PKPM V3.1.1 软件可以打开的文件。

图 1-33　PKPM 设计数据存取管理

- 恢复模型 ：当模型有问题时，用户可通过此功能恢复 PKPM 自动备份的模型数据文件，各个模型的保存时间和大小均有记录，如图 1-34 所示。当用户的计算机遇到突发情况造成死机或软件关闭时，可利用此工具恢复系统自动备份的模型数据文件。

图 1-34　恢复模型

技术要点：

当软件程序出现异常或模型有问题时，用户首先应复制整个工程目录至一个新位置做整体备份，然后再执行【恢复模型】命令，依次挑选备份文件进行模型恢复。如果都不能达到需要的效果，单击程序右上角的【×】关闭按钮，直接退出程序，这样做可以保留各种备份文件，而不要进行"保存退出"的整理结点网格、生成楼板、荷载导算等操作。

- 存为 T 图和 DWG 文件：单击此按钮，将当前模型数据文件另存为 dwg 格式的图纸文件。dwg 图纸文件可以用 AutoCAD 软件或 PKPM 的 TCAD 软件打开。

## 1.3.2　导入与导出模型数据文件

模型数据文件的导入与导出，其实就是将 PKPM 的数据文件与其他 BIM 软件进行交换。下面以与 Revit 进行数据交换为例，详解操作步骤。

PKPM V5.2.4.1 软件可以与 Revit 2016～2020 软件版本进行数据交换，这里以 Revit 2020 为例，具体操作步骤如下所述。

**01** 安装数据接口软件。在 PKPM V5.2.4.1 软件的安装路径 "E:\PKPMV52\Ribbon\P-TRANS\Revit 插件安装包"（路径视个人计算机位置而定）中，双击 PKPM-Revit Setup 2020.msi 程序包进行接口软件安装，如图 1-35 所示。

图 1-35　安装接口程序

提示：

> 笔者是将 PKPM V5.2.4.1 软件安装在 E 盘，可能会与读者的安装路径不一致。另外，安装此接口软件，要先安装 Revit 2020 软件。

**02** 接口软件安装完成后，在 PKPM 的主页界面中保留默认的工程项目和专业模块选择，单击【新建/打开】按钮，将本例源文件夹作为工作目录，单击【确认】按钮自动打开模型数据文件，如图 1-36 所示。

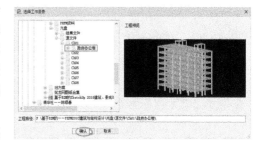

图 1-36　选择工作目录并打开模型数据文件

**03** 在 PKPM 的结构建模设计环境中，执行菜单浏览器中的【导出】|【Revit 文件（.txt）】命令，将当前的模型数据文件转换成命名为"政府办公楼_MDB.txt"的记事本文件，并且保存在工作目录中，如图 1-37 所示。

图 1-37　导出为 Revit 文件

**04** 启动 Revit 2020 软件，在该软件中会提示插件载入情况，单击【总是载入】按钮即可。在 Revit 2020 主页界面中单击【新建】按钮，然后选择【结构样板】样板文件，单击【确定】按钮，如图 1-38 所示。

**05** 进入结构设计环境后，在软件的功能区中会显示新增的【数据转换】选项卡，说明接口软件是安装成功的，如图 1-39 所示。

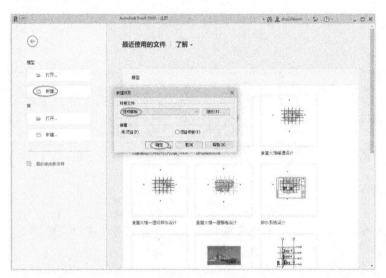

图 1-38　新建 Revit 结构项目文件

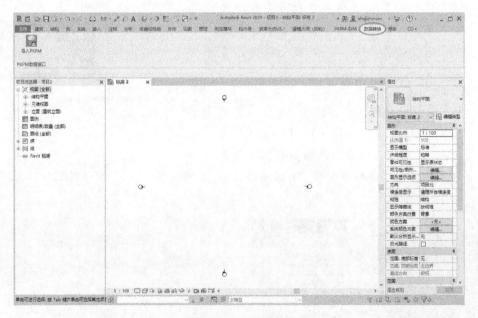

图 1-39　功能区中的【数据转换】选项卡

**06** 在【数据转换】选项卡中单击【导入 PKPM】按钮，弹出【请指定要导入的 PK-PM 数据文件】对话框。通过该对话框从 PKPM 的工作目录中打开"政府办公楼_MDB. txt"数据文件，如图 1-40 所示。

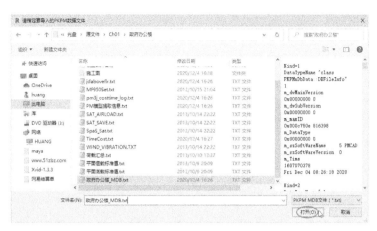

图 1-40　打开要导入的数据文件

**07** 在弹出的【导入 PKPM 数据】对话框中保持默认设置，单击【开始导入】按钮，系统自动将数据文件转换成 Revit 模型，如图 1-41 所示。

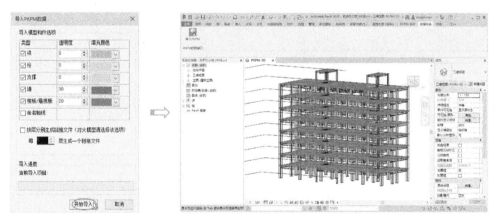

图 1-41　导入数据文件并转换为 Revit 模型

**08** Revit 系统会自动将模型保存在 PKPM 的工作目录中，并建立一个命名为 Revit 的文件夹来存放 Revit 模型，如图 1-42 所示。

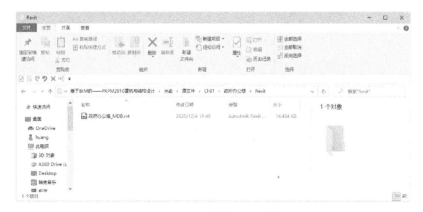

图 1-42　自动保存 Revit 模型

**09** 除了在项目设计环境中导出模型数据文件，还可以在 PKPM 的主页界面中直接转换 PKPM 的模型数据文件（扩展名为 JWS）。在主页界面的【数据转换接口】工程项目中双击 ▶ Revit 项目，弹出【请选择要转换的 JWS 文件】对话框，打开要转换的 JWS 模型文件后，随即自动转换数据文件，如图 1-43 所示。

图 1-43 直接转换模型数据文件

# 第2章 PKPM 建筑结构建模

【本章导读】

建筑结构设计包括建筑上部结构设计和建筑下部结构设计（即基础设计）。在 PKPM 中，建筑上部的结构设计可使用 PMCAD 结构建模模块或者 SPASCAD 空间建模模块来完成设计。建筑下部结构（基础部分）的设计将使用 JCCAD 模块来完成设计。本章仅仅介绍建筑结构建模的技巧与操作流程，不涉及建筑有限元结构分析相关知识。

## 2.1 建筑上部结构设计（PMCAD）

建筑上部结构也称"地上层结构"，在建筑上部结构设计中，可使用 PMCAD 结构建模模块和 SPASCAD 空间建模模块来完成。

### 2.1.1 PMCAD 结构建模概述

PMCAD 结构建模模块主要是应用在规则的建筑结构设计方面，比如建筑高层中从一层到顶层的外形与结构变化较小或相同（标准层）的这种情况，其布局体现在房间规划上，这样就可以采用平面网格方式作为数据表述，极大地简化了模型算法。

**1. PMCAD 建模特点**

PMCAD 结构建模的主要特性可以归纳为以下四个方面。

- 分层建模，统一组装。在有些建筑中，层的概念十分清晰，结构设计一般以层作为基本单元，PMCAD 的建模也是以层为单位进行的。PMCAD 结构建模时的层称为"标准层"，当结构中多个楼层的平面布置和荷载完全一致时，这几个楼层只需定义为一个标准层。当所有标准层的信息均输入完毕后，则需通过楼层组装，将已有的标准层连接到一起，完成整体的建模。组装成整体模型的楼层称之为【自然层】，每个自然层都有对应的标准层。

- 轴线网格节点定位构件。绘制结构平面图时，需先绘制各构件的定位轴线，同样，PMCAD 建模时，也需要先建立轴网，再在轴网上进行平面布置。PMCAD 模型中构件的布置信息主要依附于轴网，后续大量的模型关系分析、构件空间对位、归并等工作实际上都是以其所在的节点和网格信息作为重要依托的。

- 在平面上建立三维模型。PMCAD 中在各层布置结构构件的操作主要是在平面图上进行的，这使布置操作最为直观快捷，例如布置一根柱只需指定一个节点，布置一片墙只需指定一段网格。另外正投影平面图也更符合设计人员的习惯。但对于 PKPM 后续软件所进行的结构整体分析和设计而言，则要求模型是与实际建筑一致的三维模型。PMCAD 通过为每个楼层指定层高将平面拉伸为三维模型。

- 荷载输入统一管理。结构荷载信息统一在 PMCAD 中录入，包括恒载、活载、风荷载、吊车荷载、人防荷载。荷载自动导算和拆分合并，楼面荷载分配至梁、墙上及荷载竖向传导至基础的过程由程序自动完成。PMCAD 的建模方式对于大多数建筑结构都是适应的，而对于倾斜构件和错层、越层等结构则提供了一套完备的标高参数进行建模，从而较完整地实现了在平面上建立三维模型的效果。

**2. PMCAD 建模流程**

在 PKPM 主页界面中选择【SATWE 核心的集成设计】分模块和【结构建模】专业模块后，单击【新建/打开】按钮，在弹出的【选择工作目录】对话框中设置工作目录，返回到主页界面中，双击新建的工作目录文件，系统自动建立新工程文件。

**提示：**

> 如果将工作目录设置为现有工程文件的路径，可直接打开 PKPM 工程文件并自动进入结构建模（PMCAD）设计环境中。

无论是打开现有的工程文件，还是新建工程文件，进入结构建模设计环境进行结构设计之前，必须在弹出的【请输入工程名】对话框中输入工程名，输入工程名后再单击【确定】按钮即可进行后续设计工作，如图 2-1 所示。若单击【取消】按钮，将返回到 PKPM 主页界面中。单击【查找】按钮可以将现有 PKPM 数据文件导入进来作为当前工程项目的一部分。

图 2-1　输入工程名

PMCAD 的最大特点是采用了逐层建模（最后进行组装）的方式来构建整体建筑结构模型。这跟其他建筑结构软件（如 Revit）有所区别，Revit 采用了整体式建筑设计方法，也就是首先确定轴网和标高，在各层标高中来建立模型。而 PMCAD 利用了"楼层管理"特性轻松地完成各层模型设计。PMCAD 的常见建模流程如下。

1）平面布置首先输入轴线。程序要求平面上布置的构件一定要放在轴线或网格线上，因此凡是有构件布置的地方，一定先用【轴网】选项卡中的工具布置它的轴线。轴线可用直线、圆弧等在屏幕上画出，对正交网格也可用对话框方式生成。程序会自动在轴线相交处计算生成节点（白色），两个节点之间的一段轴线称为网格线。

2）构件布置需依据网格线。两个节点之间的一段网格线上布置的梁、墙等构件就是一个构件。柱必须布置在节点上。比如一根轴线被其上的 4 个节点划分为三段，三段上都布满了墙，则程序就生成了三个墙构件。

3）用【构件布置】菜单定义构件的截面尺寸、输入各层平面的各种建筑构件，并输入荷载。构件可以设置对于网格和节点的偏心。

4）【荷载布置】菜单中程序可布置的构件有柱、梁、墙（应为结构承重墙）、墙上洞口、支撑、次梁、层间梁。输入的荷载有作用于楼面的均布恒载和活载，梁间、墙间、柱间和节点的恒载和活载。

5）完成一个标准层的布置后，可以使用【增加标准层】命令，把已有的楼层全部或局部复制下来，再在其上接着布置新的标准层，这样可保证在各层组装在一起时，上下楼层的坐标系自动对位，从而实现上下楼层的自动对接。

6）依次录入各标准层的平面布置，最后使用【楼层组装】命令组装成全楼模型。

### 2.1.2 轴网设计

轴线在建筑设计中常用作绘图和尺寸标注的参照，PMCAD的轴线则用于构件放置参照。轴线分水平轴线（数字轴线）与竖直轴线（字母轴线），水平轴线与竖直轴线相交形成轴网。在PMCAD中，水平轴线与竖直轴线形成相交的交点称为"节点"或"网点"。

> **提示：**
>
> 水平轴线是所有以数字进行编号的轴线的总称，是在水平方向进行布置的轴线，不能理解为"水平线"。常常以绘制竖直线来表示数字轴线，所以水平轴线也称开间轴线，从下往上绘制直线简称"上开"，从上往下绘制直线简称"下开"。同理，竖直轴线（以大写字母进行编号的轴线）是在竖直方向进行布置的轴线，也称进深轴线。常常以绘制水平直线来表示字母轴线，从左往右绘制直线简称"右进"，从右往左绘制直线简称"左进"。大多数的轴网是采用"上开"和"右进"的方式进行绘制的。

PMCAD中提供了两种定义轴网的方式：手工绘制轴网和自动生成轴网。利用功能区【轴网】选项卡中的工具可创建轴网，如图2-2所示。

图2-2　【轴网】选项卡

【轴网】选项卡的【绘图】面板中的绘图工具主要用来手工绘制轴网。【轴线】面板中的工具用来自动生成轴网。【网点】面板中的工具用来创建轴网中的节点。【修改】面板中的工具是辅助绘图工具，用以辅助手工绘制轴网。【DWG】面板中的工具用于导入CAD图纸或衬图来快速建立轴网和结构模型，俗称"快模"。也就是通过软件程序来识别CAD图纸中的轴网和各建筑构件平面图形，以此自动识别并转化成PMCAD构件模型，这种建模方式主要用于已有建筑规划方案图纸并进行BIM建模或者对原有建筑进行更改设计。

下面介绍定义轴网的两种方式。

### 上机操作 手工绘制轴网

手工绘制轴网这种方式主要针对异形建筑平面图的轴网，如图2-3所示。比如轴网中有圆弧轴线和倾斜轴线这种情况就适合手工绘制。在PMCAD中绘制轴网，仅画出墙体中的轴线即可。

**01** 新建PKPM工程文件，输入工程名"手工绘制轴网"。

**02** 在【轴网】选项卡的【绘图】面板中单击【矩形】按钮，然后在图形区中的任意位置绘制一个长42300mm、宽17400mm的矩形，如图2-4所示。这个矩形即是确定了整个轴网的"上开""下开""左进"和"右进"的最大范围。

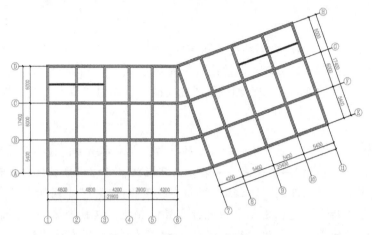

图 2-3　适合手工绘制的轴网

🔵 提示：

　　PMCAD 提供了两种坐标输入方式，如果是任意位置绘制图形，可采用相对坐标输入方式（x,y,z 或 x,y），若是基于坐标系原点来绘制图形，请采用绝对坐标输入方式（！x,y,z 或！x,y）。

**03**　在【修改】面板中单击【偏移】按钮▣，在命令行中输入偏移值 6000 后，按 Enter 键确认，然后选取矩形的上边作为要偏移的轴线，光标在要偏移轴线的下方单击来确定偏移方向，即可完成偏移操作，如图 2-5 所示。

🔵 提示：

　　本书中表述操作步骤时，在文本框中要输入的参数值一般不带单位，默认单位多数为 mm。若是 cm 或 m 单位，在对话框或者文本框中都会有单位提示，若没有提示则会单独注写 cm 或 m 单位。对于不是在文本框中输入的参数值，将会在参数值的后面注写单位。

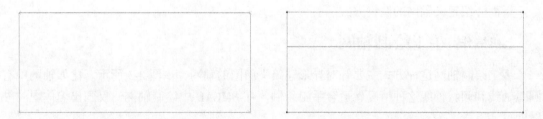

图 2-4　绘制矩形　　　　　　　　　　　　图 2-5　偏移轴线

**04**　同理，在偏移命令没有结束的情况下，继续选取中间的轴线往下偏移复制 6000mm，最后单击鼠标右键结束当前命令。竖直轴线偏移复制完成的结果如图 2-6 所示。

**05**　再次执行【偏移】命令，将矩形中左边的轴线往右依次偏移复制，依次偏移的值分别为 4800mm、4800mm、4200mm、3900mm、4200mm、4200mm、5400mm、5400mm

和 5400mm，水平轴线偏移复制完成的结果如图 2-7 所示。

提示：

相邻且具有相同偏移距离的轴线在复制时，可以一次性偏移，不同偏移距离的轴线须重新执行【偏移】命令来复制。重新执行上一次的命令可直接按 Enter 键或空格键。

图 2-6　继续偏移复制竖直轴线

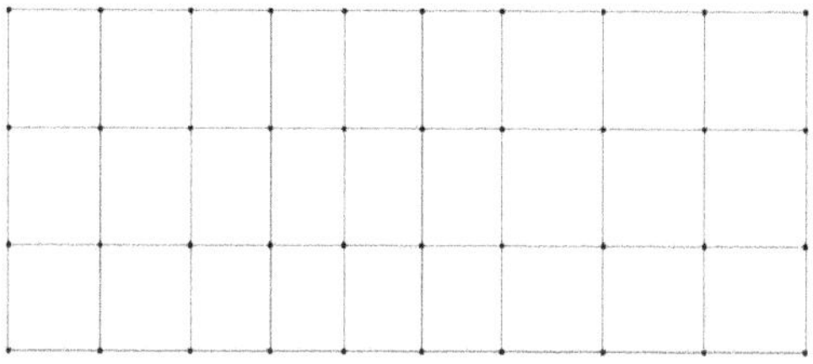

图 2-7　偏移复制出水平轴线

**06** 在【修改】面板中单击【旋转】按钮 🔃，框选要旋转的轴线，如图 2-8 所示。

**07** 单击鼠标右键或按空格键以确认选中的对象，再利用光标指定旋转基点，如图 2-9 所示。

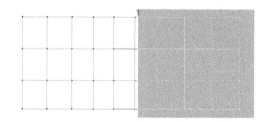

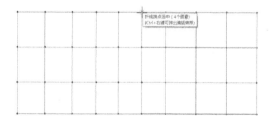

图 2-8　框选要旋转的轴线

图 2-9　指定旋转基点

**08** 在命令行中输入旋转角度"20"，再按 Enter 键确认即可完成旋转，如图 2-10 所示。

**09** 在【绘图】面板中单击【两点直线】按钮 ✏，在弹出的【设捕捉参数】对话框中选中【任意捕捉方式】单选按钮，然后补充绘制部分轴线，如图 2-11 所示。

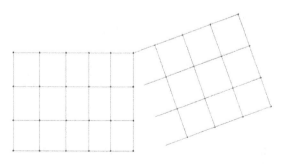

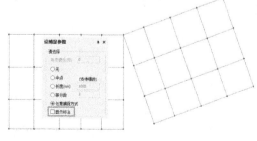

图 2-10　旋转轴线

图 2-11　补充绘制部分轴线

**10** 在【绘图】面板中单击【圆弧】按钮 ⌒，选取之前旋转轴线时的旋转基点作为三个圆弧的圆心，以逆时针方向来绘制三个圆弧，最终结果如图 2-12 所示。至此完成了本例建筑平面图中的轴网绘制。

◎提示:
　　如果绘制的圆弧看起来像直线，说明圆弧的显示精度很低，理论上圆弧是由无限多个接近于圆的直线构成的，因此圆弧的精度是由直线的段数来控制的，段数越多圆弧精度就越高。在【轴网】选项卡的【设置】面板中单击【捕捉】按钮 ，弹出【捕捉和显示设置】对话框。在该对话框的【显示设置】选项卡中，可以设置圆弧的显示精度，如图 2-13 所示。

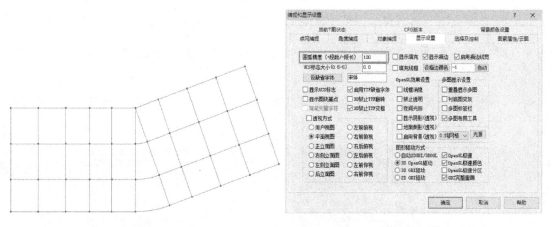

图 2-12　绘制完成的轴网　　　　　　图 2-13　设置圆弧的显示精度

## 📀上机操作 自动生成轴网

　　以图 2-3 所示的轴网为例，也可利用【轴网】选项卡的【轴线】面板中的【正交轴网】工具和【圆弧轴网】工具来完成绘制，具体操作步骤如下所述。

**01** 新建 PKPM 工程文件。

**02** 在【轴网】选项卡的【轴线】面板中单击【正交轴网】按钮 ，弹出【直线轴网输入对话框】对话框。

**03** 在该对话框的【右进深】文本框（准备绘制字母轴线）中单击以激活该选项，然后在【常用值】列表框中双击选择 5400、6000 和 6000 的值，将其加入到【开间/进深】列表中，如图 2-14 所示。

**04** 在【上开间】文本框中单击以激活该选项（准备绘制数字轴线），并在【常用值】列表框中依次双击选择 4800、4800、4200、3900、4200、4200、5400、5400 和 5400 的值，将这些常用值添加到【开间/进深】列表中，如图 2-15 所示。

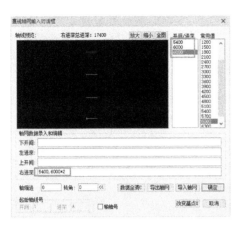
图 2-14 添加"右进深"值

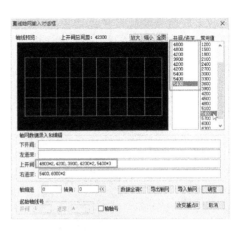
图 2-15 添加"上开间"值

**05** 单击【确定】按钮，关闭对话框。随后将定义的轴网放置在图形区的任意位置，结果如图 2-16 所示。

**06** 执行【旋转】命令，将部分轴线旋转逆时针 20°，如图 2-17 所示。

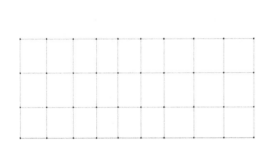
图 2-16 放置的轴网

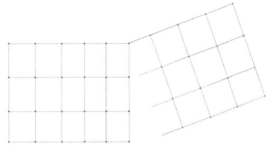
图 2-17 旋转部分轴网

**07** 补充绘制轴线，如图 2-18 所示。

**08** 在【轴线】面板中单击【圆弧轴网】按钮，在弹出的【圆弧轴网】对话框中设置【圆弧开间角】选项参数，之后在跨度列表中选择角度值为 20，单击【添加】按钮后，将其添加到【跨度表】列表中，如图 2-19 所示。

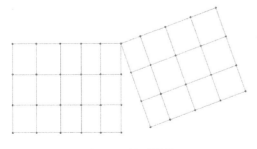
图 2-18 补画轴线

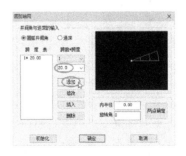
图 2-19 设置【圆弧开间角】参数

**09** 选中【进深】单选按钮，然后在【跨数＊跨度】列表中依次选择6000、6000和5400的跨度值，单击【添加】按钮将其添加到【跨度表】列表中。最后在【旋转角】文本框中输入旋转角度为"–90"，单击【确定】按钮完成圆弧轴网的参数设置，如图2-20所示。

**10** 在弹出的【轴网输入】对话框中保留默认设置，单击【确定】按钮后，将圆弧轴网放置在图2-21所示的旋转基点位置。至此完成了自动生成轴网的操作。

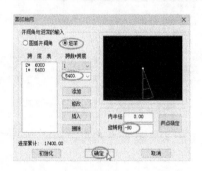

图2-20 设置进深和旋转角参数

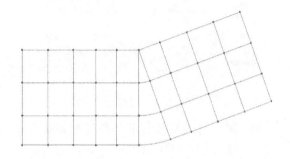

图2-21 放置圆弧轴网的结果

## 2.1.3 构件布置

在PMCAD中的梁、柱、墙、楼板及楼梯等构件并非实心的模型，而是由点、线及面构成的构件表面模型，即空心的。虽然实心模型在有限元结构分析中精度最高，其分析结果更加符合实际工程中的各项条件，但耗费的时间和对计算机的硬件要求也是最高的，特别是对于大型或超大型建筑项目，普通计算机若再采用实心模型进行结构分析就显得非常困难了。

PMCAD结构建模模块所建立的模型不是为了建立三维模型的，其建模的目的就是为SATWE、PMSAP等结构分析做模型准备，这跟其他BIM软件（如Revit）是不同的。Revit仅仅是为了构建优良的三维模型，并非为了结构分析。

在PMCAD结构建模模块中进行结构建模，有两种方式供用户选择：一是通过导入现有CAD图纸进行轴网与结构件的自动识别，二是利用【构件】选项卡中的构件工具进行手动创建。下面用两个操作案例来分别介绍两种结构建模方法。

### 上机操作 导入CAD图纸自动识别构件

导入CAD图纸自动识别构件的具体操作步骤如下所述。

**01** 启动PKPM结构设计软件。新建命名为"构件布置"的工程文件并进入PMCAD结构建模环境中。

**02** 在【轴网】选项卡的【DWG】面板中单击【导入DWG】按钮 ，转入【DWG转结构模型】操作模式，如图2-22所示。

💡提示：

DWG文件如果是用AutoCAD软件导出的，请在AutoCAD软件中将文件导出为AutoCAD 2013及更低版本的格式文件，否则不能导入到PKPM中。

图 2-22 【DWG 转结构模型】操作模式

**03** 在【DWG 转结构模型】选项卡的【基本】面板中单击【装载 DWG 图】按钮，载入本例源文件夹中的"地梁配筋图.dwg"图纸，如图 2-23 所示。

**提示：**

在图形区左侧的【转图设置】面板中显示了可以识别图纸的项目，包括轴线识别、柱识别、梁识别、墙识别、门识别、窗识别和梁标注识别等，按照这个识别顺序一一识别出图纸中所包含的图纸信息。由于本例图纸表达的是建筑框架结构地梁配筋图，没有结构墙及门窗等构件，故不进行墙和门窗的识别。

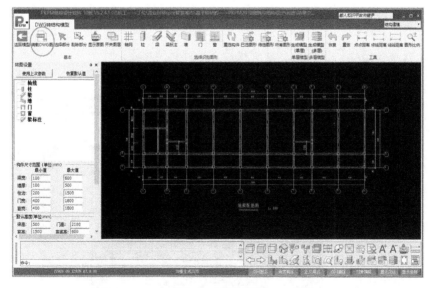

图 2-23 载入图纸

**04** 在【DWG 转结构模型】选项卡的【选择识别图形】面板中单击【轴网】按钮，依照命令行中的信息提示，在图纸中选取轴线图形元素，单击鼠标右键完成选择，随后系统自动生成 PKPM 的轴网。要想单独显示识别的图形，可单击【DWG 转结构模型】选项卡的【选择识别图形】面板中的【已选图形】按钮，如图 2-24 所示。

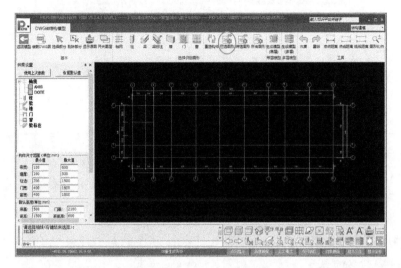

图 2-24　显示已识别的轴网

提示：

　　要想正确识别出同类型的图形元素，需要用户在能打开 DWG 图纸的平面绘图软件（如 AutoCAD）中对相同类型的图形元素进行图层的创建和归类操作，例如轴网应包括轴线、轴线编号、圆圈等，将这几种图元放在一个图层中即可。其他的如柱、梁、墙、门、窗及梁标注等图元也要各自归纳到对应的图层中，不要错乱放置图元，否则会造成识别不完整、结构模型错误等问题。

05　单击【待选图形】按钮，继续选择图元并识别图形。接下来依次识别出柱与梁等结构图元，如图 2-25 所示。

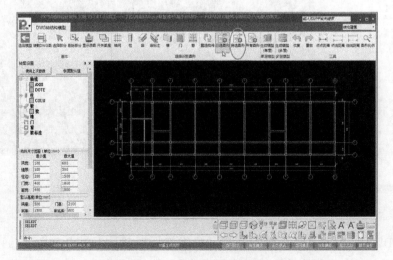

图 2-25　识别完成的图元

第2章　PKPM建筑结构建模

💬 提示：

　　识别图形后，需要利用识别的图形来创建 PMCAD 结构模型，如果识别的图形中，存在柱、梁等尺寸超出了在【转图设置】面板的【构件尺寸范围】选项组中所预设的尺寸范围，可以重新定义构件尺寸范围。

**06** 在【DWG 转结构模型】选项卡的【选择识别图形】面板中单击【生成模型（单层）】按钮 🔳，系统会自动选取全部的识别图形，再选取轴号 1 和轴号 A 的交点作为基点，输入一个插入点坐标（也可不输入，直接按 Enter 键确认即可），随后自动生成结构模型并回转到 PMCAD 结构建模环境中。至此完成了构件的布置，结果如图 2-26 所示。

💬 提示：

　　基点实际上是自动识别构件的移动起始点，插入点则是移动终止点。当不用输入插入点坐标（移动终止坐标）来放置自动识别的构件时，则需要用户指定一个插入点（移动终止点）来手动放置构件，手动放置构件是用户使用最多的一种构件放置方式。

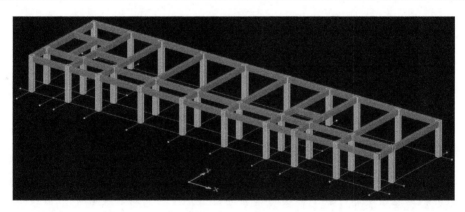

图 2-26　自动创建单层模型

💬 提示：

　　如果是多层、高层且有标准层的建筑结构，可单击【生成模型（多层）】按钮来创建。

### 🔧 上机操作　手动放置构件

　　手动放置构件的具体操作步骤如下所述。

**01** 参照上一案例中的第 01～04 操作步骤，自动识别"地梁配筋图"图中的轴网，如图 2-27 所示。

**02** 单击【生成模型（单层）】按钮 🔳，选取移动对齐的基点和插入点后，自动生成轴网模型，并返回 PMCAD 结构建模环境中，如图 2-28 所示。

35

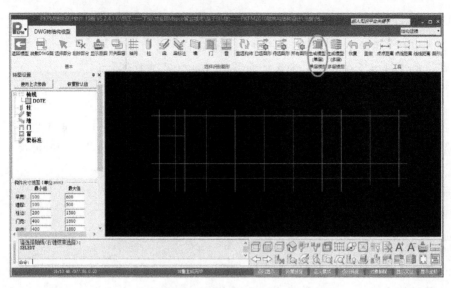

图 2-27　自动识别轴网

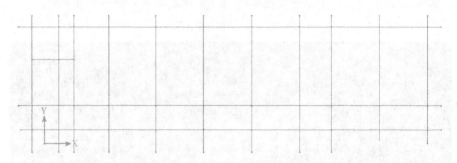

图 2-28　自动识别并创建的轴网

**03** 在【构件】选项卡的【构件】面板中单击【柱】按钮，在图形区的左侧弹出【柱布置】控制面板和【柱布置参数】对话框。在【柱布置】控制面板中单击【增加】按钮弹出【截面参数】对话框，在该对话框中定义矩形结构柱的截面尺寸，单击【确认】按钮完成柱截面尺寸的定义，如图 2-29 所示。

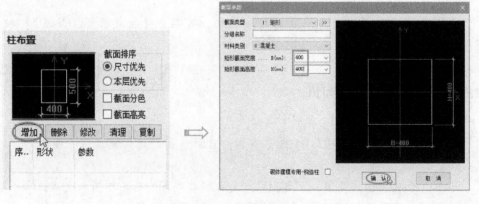

图 2-29　定义柱截面尺寸

**04** 在【柱布置参数】对话框中选中【轴】单选按钮，然后在图形区中要放置柱构件的两轴线交点位置单击，以放置构件（在轴编号 A、B、C 上选取任意一个交点单击放置即可），如图 2-30 所示。

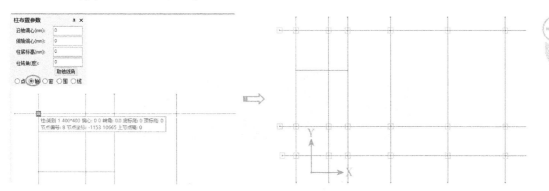

图 2-30　放置柱构件

**05** 选取多余的柱构件按 Delete 键删除。放置完成的结构柱构件如图 2-31 所示。

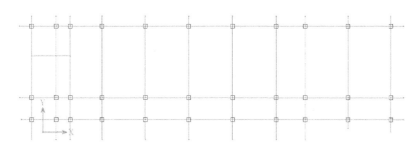

图 2-31　放置完成的结构柱构件

**06** 在【构件】选项卡的【构件】面板中单击【梁】按钮，在图形区的左侧弹出【梁布置】控制面板和【梁布置参数】对话框。在【梁布置】控制面板中单击【增加】按钮将会弹出【截面参数】对话框，在该对话框中可以定义矩形梁的截面尺寸，完成后单击【确认】按钮，如图 2-32 所示。

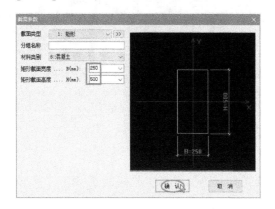

图 2-32　定义梁截面尺寸

**07** 在【柱布置参数】对话框中选中【窗】单选按钮，然后在图形区中框选要放置梁的
区域（此区域包括所有结构柱），随后自动放置梁构件，如图 2-33 所示。

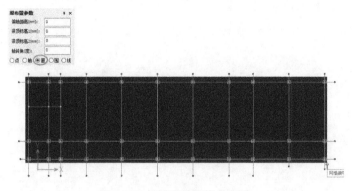

图 2-33　框选要放置梁的区域

**08** 选取多余的柱构件按 Delete 键删除。放置完成的结构柱构件如图 2-34 所示。

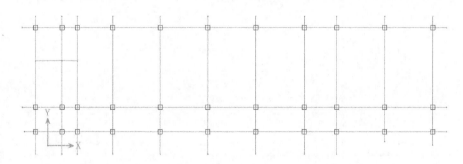

图 2-34　放置完成的结构柱构件

**09** 放置完成的柱构件和梁构件如图 2-35 所示。

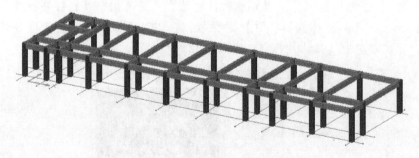

图 2-35　放置完成的柱构件和梁构件

💿提示：

当各种构件创建并放置在对应位置后，可通过工作树（工作面板）对构件进行修改
并应用。

### 2.1.4 楼板设计

结构柱和结构梁创建之后，可以在结构梁上生成楼板。PMCAD 中的楼板包括层楼板、错层楼板、层间板、悬挑板及板洞等。

**1. 层楼板**

层楼板的生成是自动的，系统根据用户创建的结构柱和结构梁来自动生成，会完全覆盖柱和梁。在【楼板】选项卡中单击【生成楼板】按钮 ，自动生成楼板，各房间中会显示楼板的默认厚度（100mm），如图 2-36 所示。

在【楼层】选项卡中单击【修改板厚】按钮 ，可修改楼层厚度，如图 2-37 所示。默认楼层厚度为 100mm，设置新的楼板厚度之后，可采用【光标选择】【窗口选择】或【围区选择】方式来选取要修改板厚的楼板。

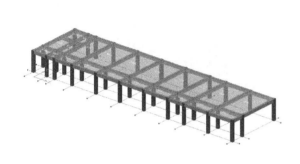

图 2-36 自动生成楼板

图 2-37 修改板厚

**2. 错层楼板**

当建筑中需要设计错层时，可单击【错层】按钮 ，来创建错层楼板，如图 2-38 所示。错层楼板实际上是层楼板修改高度后的结果。创建错层楼板的具体操作步骤如下所述。

**01** 创建层楼板。

**02** 打开【楼板错层】对话框，输入层楼板的高度。

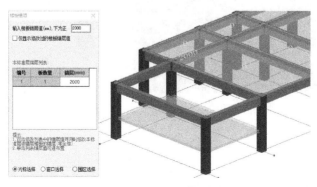

图 2-38 创建错层楼板

**03** 选择要修改层高的楼板，随即完成错层楼板的创建。

### 3. 全房间洞和板洞

楼层中有些房间需要设计楼梯、天井、天窗等结构，可使用【全房间洞】工具和【板洞】工具来创建楼板洞口。设计天井需要创建全房间洞，设计楼梯可创建全房间洞或板洞，天窗洞口是用【板洞】工具创建的。

单击【全房间洞】按钮，选择要创建全房间洞的房间楼板，随后自动创建洞口，如图 2-39 所示。

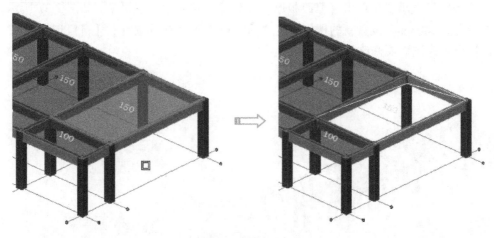

图 2-39　创建全房间洞

单击【板洞】按钮，弹出【板洞布置】控制面板和【板洞布置参数】对话框。在【板洞布置】控制面板中单击【增加】按钮，在弹出的【截面参数】对话框中定义洞口的尺寸参数后，再定义板洞布置参数，最后选择要放置板洞的楼板即可，如图 2-40 所示。

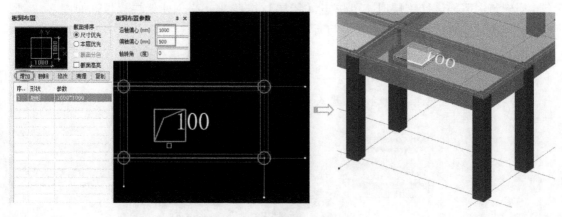

图 2-40　创建板洞

### 2.1.5 楼梯设计

楼梯的设计方法分两种，一种是在 PMCAD 中设计标准楼梯，另一种是切换到【楼梯设计】模块中进行复杂楼梯（比如螺旋楼梯、悬挑楼梯等）设计。下面仅用一个案例来说明 PMCAD 楼梯设计方法。

### 上机操作  在 PMCAD 中设计标准楼梯

基于前面的案例结果进行楼梯设计，但前面的案例中并没有介绍楼层标高的设置，若要正确设计楼梯，首先就要确定楼层的标高高度，具体操作步骤如下所述。

**01** 在【构件】选项卡的【材料强调】面板中单击【本层信息】按钮，在弹出的【标准层信息】对话框的【本标准层层高】文本框中输入标准层的层高为 3600，单击【确定】按钮完成楼层层高的定义，如图 2-41 所示。

**02** 在【楼板】选项卡的【楼梯】面板中单击【楼梯】|【布置】按钮，然后选择要设计楼梯的房间，如图 2-42 所示。

图 2-41  定义楼层层高

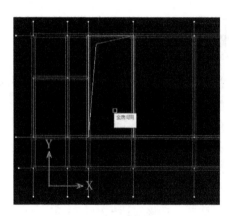

图 2-42  选择房间

**03** 在弹出的【请选择楼梯布置类型】对话框中选择【2 跑】类型，接着在弹出的【平行两跑楼梯—智能设计对话框】中定义楼梯相关参数，如图 2-43 所示。

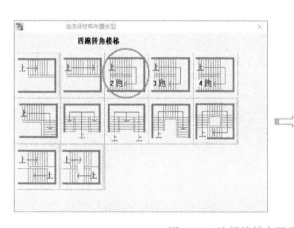

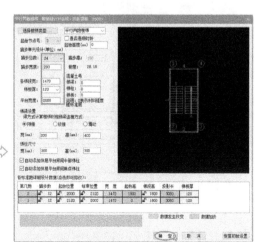

图 2-43  选择楼梯布置类型并定义楼梯参数

**04** 单击【确定】按钮后自动创建楼梯构件并放置在所选的房间中，如图 2-44 所示。

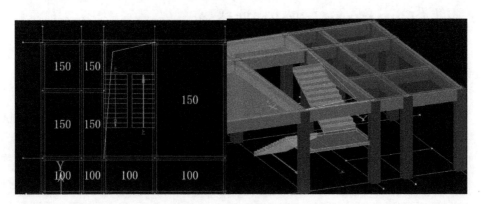

图 2-44　创建的楼梯

### 2.1.6　楼层组装

当建筑的结构楼层为多层、高层或超高层时，创建其中一个标准层后，可使用楼层管理工具来复制其余楼层，也称"楼层组装"。

在【楼层】选项卡的【组装】面板中单击【设计参数】按钮，将会弹出【楼层组装-设计参数】对话框，在该对话框中设置好相关的参数及信息，完成后单击【确定】按钮保存数据，如图 2-45 所示。

在【楼层】选项卡的【组装】面板中单击【楼层组装】按钮，将会弹出【楼层组装】对话框。在该对话框中首先定义标准层的层高，然后在【复制层数】列表中选择层数（如 10 层），再单击【增加】按钮将 10 层的数据添加到【组装结果】列表中，如图 2-46 所示。

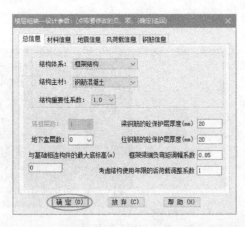

图 2-45　定义设计参数

图 2-46　定义标准层

组装楼层后，视图中还是原先的标准层，并没有显示所有楼层。要显示所有楼层，在功能区右侧单击【多层】按钮或【整楼】按钮，显示部分楼层或所有楼层，如图 2-47 所示。

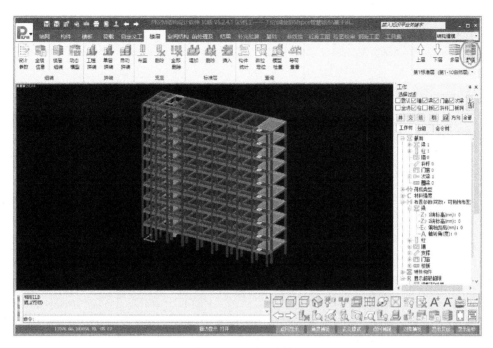

图 2-47 显示所有楼层

## 2.2 SPASCAD 空间建模

利用空间建模模块 SPASCAD 进行结构建模时，采用在三维视图中定点布置构件的方式来完成模型设计。SPASCAD 建立的是真实空间结构模型，所有构件通过网格线定位，比如布置柱或梁时必须选择一条网格线，在创建墙体或者楼板时必须选择一个封闭的区域。

SPASCAD 可用于任意空间结构设计，针对建筑结构较为复杂的情形，如机场、火车站、体育场馆的结构设计，当然也包括那些 PMCAD 能设计的规则结构。下面用一个案例来说明 SPASCAD 空间建模的一般操作流程。

**上机操作** 在 SPASCAD 中建模

为了简化操作流程，本例将以某教学楼的结构建模为例，详解 SPASCAD 中部分建模工具的使用和操作技巧，具体操作步骤如下所述。

**01** 在 PKPM 结构软件的主界面中选择【Spas + PMSAP 的集成设计】分模块，在专业模块列表中选择【空间建模与 PMASP 分析】模块，然后指定工作目录，创建工作目录文件，如图 2-48 所示。

**02** 双击工作目录文件进入 SPASCAD 空间建模环境后，新建一个命名为"空间建模"的工程文件，图形区中显示系统自定义的辅助网，如图 2-49 所示。

**提示:**

辅助网的作用是网格创建时的定位参照。网格由网格线和网格点组成。

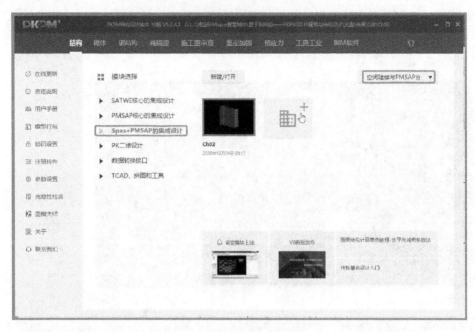

图 2-48 选择模块并设置工作目录

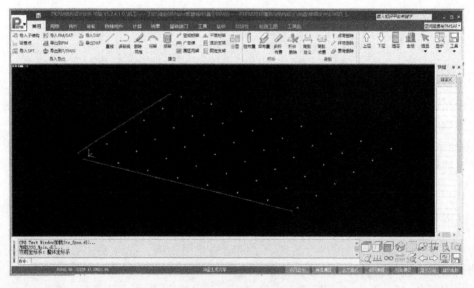

图 2-49 系统默认建立的辅助网

**03** 在【常用】选项卡的【导入导出】面板中单击【设基点】按钮 ，选取坐标系原点为基点，如图 2-50 所示。

提示: ┈┈┈┈┈┈┈┈┈┈┈┈┈┈┈┈┈┈┈┈┈┈┈┈┈┈┈┈┈┈┈┈┈┈┈┈┈┈┈┈┈┈

　　如果有图纸格式为 dxf 的 CAD 结构图纸，通过 AutoCAD 软件导出为低版本 dxf2000 的文件，再单击【导入 DXF】按钮导入到当前工程中，可作为网格的创建参照。

**04** 在功能区右侧单击【工具】|【辅助网】按钮 N（意思是展开【工具】命令菜单，再单击菜单中的【辅助网】按钮），弹出【辅助网】对话框，如图2-51所示。

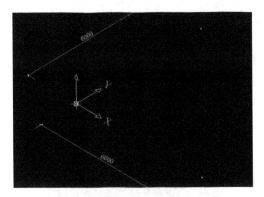

图 2-50　设置基点

图 2-51　【辅助网】对话框

💿 提示：

　　在【X方向】及【Y方向】文本框中所显示的"6000＊7"与"6000＊5"文本，是系统默认定义的网格间距，表示在X方向有7条轴间距均为6000mm的轴线。在Y方向有5条轴间距均为6000mm的轴线。轴线间距相等时可以采用这种简写输入方式来表达。如果是不等的轴线间距，须以"，"逗号隔开输入每条轴线的间距值。

**05** 在【X方向】文本框中重新输入"4000，3300，4500＊4，3000，4500＊2"，在【Y方向】文本框中则重新输入"2200，4200，3000"，Z方向暂时不输入，输入后单击【确定】按钮，完成辅助网格的创建（以网格点表示），如图2-52所示。

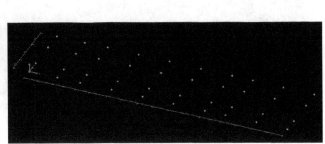

图 2-52　创建辅助网格

**06** 在【常用】选项卡的【建立】面板中单击【直线】按钮 ／，然后参照以上步骤定义的辅助网格来绘制网格线，如图2-53所示。

**07** 单击【直线】按钮 ／，在坐标系原点位置单击以确定直线起点，然后光标捕捉到坐标系的Z轴，直至显示Z轴的捕捉追踪线，如图2-54所示。

**08** 在命令行中输入Z轴方向的直线长度为3600，按Enter键确认后完成Z轴直线的绘制，如图2-55所示。

图 2-53　绘制网格线

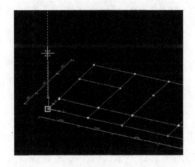

图 2-54　捕捉 Z 轴并显示追踪线

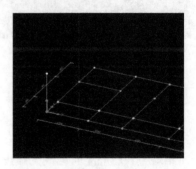

图 2-55　完成 Z 轴直线的绘制

**09** 在【操作】面板中单击【复制】按钮，将 Z 轴直线复制到其他网格点上，结果如图 2-56 所示。

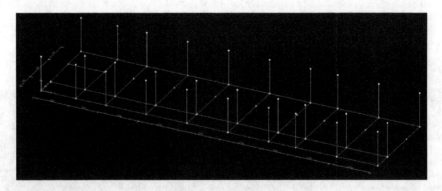

图 2-56　复制直线

**10** 在【构件】选项卡的【杆件布置】面板中单击【梁布置】按钮，在弹出的【PK-STS 截面定义】对话框中单击【增加】按钮之后，在弹出的【请用光标选择截面类型】对话框中选择梁截面类型，如图 2-57 所示。

**11** 选择截面类型后定义截面参数，如图 2-58 所示。

**12** 单击【PK-STS 截面定义】对话框的【确认】按钮，依次选取 X、Y 方向上的网格线来布置梁构件，如图 2-59 所示。单击鼠标右键完成梁构件的布置。

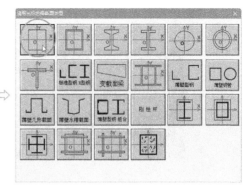

图 2-57 选择截面类型

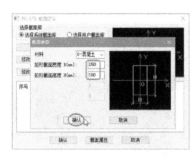

图 2-58 定义截面参数

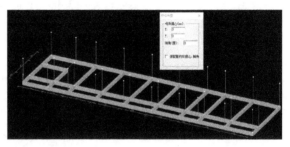

图 2-59 布置梁构件

**13** 单击【柱布置】按钮 ,以与布置梁相同的操作步骤定义柱参数（截面尺寸为 400mm×400mm）并选择 Z 轴直线来布置柱构件,如图 2-60 所示。

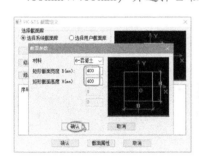
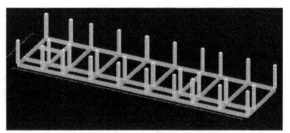

图 2-60 布置柱构件

**14** 在【网格】选项卡的【操作】面板中单击【复制】按钮 ,框选所有地梁网格线（其地梁构件也一并被选中）,往 Z 轴正方向进行复制,如图 2-61 所示。

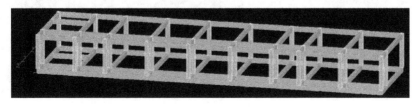

图 2-61 复制网格线和地梁构件

**15** 同理，复制柱构件和二层梁构件，往 Z 轴正方向复制，复制距离为柱的高度，即复制起点为柱底部的节点，终点为柱顶部的节点，如图 2-62 所示。

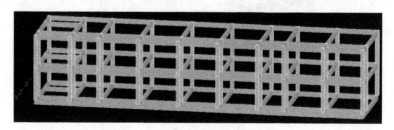

图 2-62　复制出二层柱与梁

**16** 在【构件】选项卡的【墙板布置】面板中单击【板布置】按钮 ⬚ ，在弹出的【板布置】对话框中输入板的厚度为 120，单击【添加】按钮添加板类型。然后单击【确定】按钮，选择网格线来布置楼板，一次可以选择多条网格线来布置楼板，如图 2-63 所示。

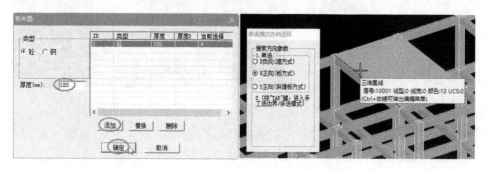

图 2-63　布置楼板

**17** 在【网格】选项卡的【建立】面板中单击【分层】按钮 ，在弹出的【指定标高自动分层】对话框的【层顶标高（米）】列中双击（时间间隔 1 秒）以激活文本框，并输入层高为 3.6。接着在【层号】列单击层号为 1 的下面空格，以激活层号文本框，并输入层号为 2，同样再输入该层的层高为 3.6，输入完成后，单击【分层】按钮完成自动分层，如图 2-64 所示。

**18** 至此，完成了本例建筑结构的空间建模。结果如图 2-65 所示。

图 2-64　自动分层

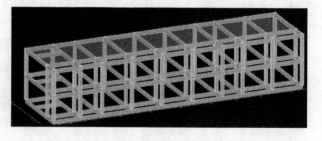

图 2-65　空间建模的结果

## 2.3　建筑下部结构设计（JCCAD）

以建筑设计与施工流程来说，理应先做建筑下部结构（地下层），然后才是上部结构，建筑下部结构常指建筑基础部分。但在 PKPM 中，基础的设计是接力上部结构而进行的，基础设计中所使用的轴线、网格线、轴号、基础定位参照的柱、墙等均为上部楼层中的，因此 PKPM 中的结构建模流程就是先设计上部结构，再设计基础部分。

### 2.3.1　JCCAD 基础设计知识

JCCAD 可自动或交互完成工程实践中各类型基础设计，其中包括柱下独立基础、墙下条形基础、弹性地基梁基础、带肋筏板基础、柱下平板基础（板厚可不同）、墙下筏板基础、柱下独立桩基承台基础、剪力墙下独基或者承台、桩筏基础、桩格梁基础等基础设计及单桩基础设计，还可进行由上述多类基础组合的大型混合基础设计，以及同时布置多块筏板的基础设计。

可设计的各类基础中包含多种基础形式：独立基础包括倒锥型、阶梯型、现浇或预制杯基础及单柱、双柱、多柱的联合基础、墙下基础；砖混条基包括砖条基、毛石条基、钢筋混凝土条基（可带下卧梁）、灰土条基、混凝土条基及钢筋混凝土毛石条基；筏板基础的梁肋可朝上或朝下；桩基包括预制混凝土方桩、圆桩、钢管桩、水下冲（钻）孔桩、沉管灌注桩、干作业法桩和各种形状的单桩或多桩承台。

**1. JCCAD 界面与工具介绍**

进入 PMCAD 结构建模设计环境后，在功能区右侧的专业模块列表中选择【基础设计】模块，进入 JCCAD 基础设计环境，如图 2-66 所示。

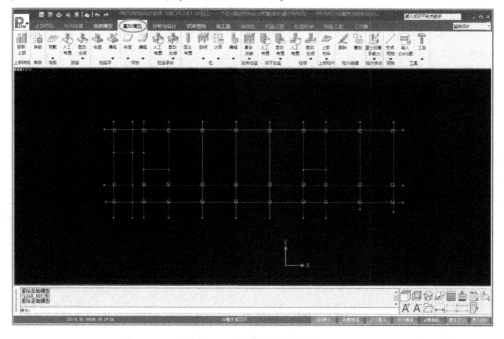

图 2-66　基础设计环境界面

在 JCCAD 基础设计环境可以创建地质模型和基础模型，还可根据建立的基础模型来创建基础施工图，鉴于文字篇幅限制，本章重点介绍地质模型和基础模型的建立步骤。

**2. JCCAD 基础设计操作流程**

利用 JCCAD 软件完成基础设计的操作流程如下所述。

1）首先，进入 JCCAD 环境之前，要完成上部结构的建模与荷载输入。如果要接力上部结构分析程序（如 SATWE、PMSAP、PK 等）的计算结果，还应该运行完成相应程序的内力计算。

2）其次，在 JCCAD 环境的【基础模型】选项卡中，可以根据荷载和相应参数自动生成柱下独立基础、墙下条形基础及桩承台基础，也可以交互输入筏板、基础梁、桩基础的信息。柱下独基、桩承台、砖混墙下条基等基础在本菜单中即可完成全部的建模、计算、设计工作；弹性地基梁、桩基础、筏板基础在此菜单中完成模型布置，再用后续计算模块进行基础设计。

3）在【分析与设计】选项卡中，可以完成弹性地基梁基础、肋梁平板基础等基础的设计及独基、弹性地基梁板等基础的内力配筋计算，也可以完成桩承台的设计及桩承台和独基的沉降计算，还可以完成各类有桩基础、平板基础、梁板基础、地基梁基础的有限元分析及设计。

4）在【结果查看】选项卡中，可查看各类分析结果、设计结果、文本结果，并且可以输出详细计算书及工程量统计结果。

5）最后在【施工图】选项卡中，可以完成以上各类基础的施工图。

## 2.3.2 建立基础模型

基础模型的建立大致有两种形式，一种是根据上部结构模型的计算分析结果自动生成基础模型，另一种是直接参照导入的 CAD 图纸来手动建立基础模型。由于本章倾向于介绍 PKPM 的结构模型和基础模型的建立，有限元分析部分并不作为重点介绍，所以本小节将以导入 CAD 图纸参照建模的方式进行操作。

**提示：**

对于一些基础比较复杂的工程，部分用户可能更习惯于在 AutoCAD 里绘制基础平面图，为节约用户的建模时间，提高效率，程序支持通过导入 DWG 图的方式来建立基础模型。

目前程序能导入的基础形式包括：桩、承台、独基、筏板、地质孔点和柱墩。用户导入基础的时候，可以初步设定基础参数，如桩的承载力特征值、桩长、基础的平面尺寸及高度等信息。如果基础类型较大，可以在导入的时候初步设定，导入完成后，到相应的布置菜单下载修改基础的具体参数值。

程序对于导入的基础形式通过一些属性来识别，如圆桩导入的时候，程序默认 DWG 图里的属性是"圆"的图素都是圆桩，导入的时候所有被选择中的"圆"都将视为桩。方桩、独基、承台、筏板、柱墩要求是多义线绘制的密闭多边形。如果 DWG 图符合上述要求，程序会自动做相应处理，如程序会自动将 DWG 图里的图块炸开成图素，将不封闭的多边形在一定误差范围内自动处理生成密闭多边形。

**提示：**

导入的时候，为了提高导图效率及导入准确性，建议用户尽量将 DWG 格式的基础平面图简化处理，将与基础布置无关的一些图层或者图素删除，如尺寸标准一般对基础导入没有影响，则可将基础标准的相关图层删除。同时，可以通过【选择部分】命令选择需要导入的基础范围，也可以提高导图效率。用【选择部分】功能显示局部图面后，如果想重新显示整个图面时，v5.2 版本之前，程序只能重新打开 DWG 图。本次更新增加了"显示原图"功能，可以方便地从局部图面返回到整个图面。

**上机操作** 导入 DWG 图手动建立基础模型

导入 DWG 图手动建立基础模型的具体操作步骤如下所述。

**01** 进入 PMCAD 结构建模环境时，输入 pm 工程名为"基础模型"，并打开先前创建的"导入 CAD 图纸自动识别构件 .JWS"文件，如图 2-67 所示。

图 2-67 新建工程并打开参照模型

**02** 在功能区右侧的专业模块列表中选择【基础设计】模块，随后进入 JCCAD 基础设计环境中。图形区中显示上部结构模型的轴网与柱平面视图，如图 2-68 所示。

图 2-68 显示轴网与柱平面视图

**03** 在【基础模型】选项卡的【工具】面板中单击【导入DWG图】按钮 ，从本例源文件夹中打开"基础平面布置图.dwg"图纸文件，如图2-69所示。

图2-69　打开DWG图纸

**04** 在弹出的【导入DWG图】控制面板中单击【选择基准点】按钮，然后在导入的图中指定轴号A与轴号1的交点为基准点，如图2-70所示。

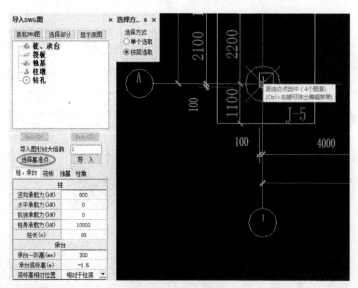

图2-70　指定基准点

**05** 在【导入DWG图】控制面板中选择【独基】基础类型，然后在下方显示的【独基】选项卡中设置独立基础的尺寸，如图2-71所示。

**06** 单击【选择方式】对话框中的【按层选取】单选按钮，再到图形区中选取一个独立基础的某一条边，单击鼠标右键即可完成独立基础的图形识别，如图2-72所示。

**07** 在【导入DWG图】控制面板中单击【导入】按钮，将识别的独立基础图形导入到基础设计环境中，同时系统会自动创建独立基础模型，按信息提示将独立基础模型放置于轴网中即可，如图2-73所示。

图 2-71 设置独立基础尺寸

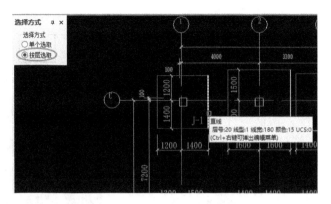

图 2-72 选择独立基础图形并完成识别

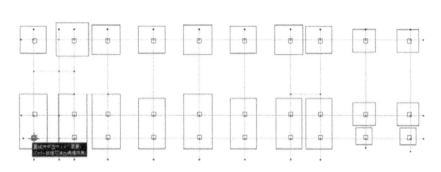

图 2-73 导入并放置独立基础模型

**08** 在软件窗口右下角单击【三维着色模式】按钮，切换到三维视图来查看建立的独立基础模型，如图 2-74 所示。会发现独立基础与一层结构柱之间会自动创建连接柱。

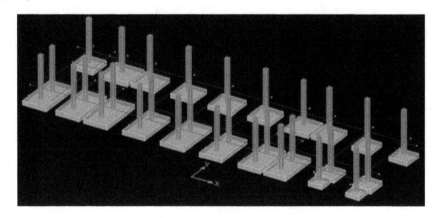

图 2-74 三维着色显示基础模型

**09** 在【基础模型】选项卡中单击【人工布置】按钮，将会弹出【基础构件定义管理】控制面板。在该面板中将显示所有的独立基础构件及相关数据参数，选择其中一个基础构件，再单击【修改】按钮，将会弹出【柱下独立基础定义】对话框。通过该对话框可以重新定义所选基础构件的尺寸参数，如图 2-75 所示。

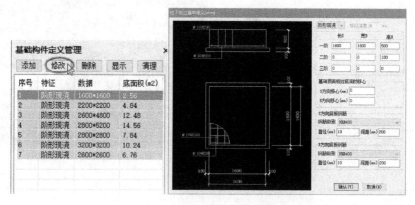

图 2-75　修改基础构件参数

**10** 将工程文件保存完成本案例。

# 第3章 基于 SATWE 核心的结构分析案例

【本章导读】

SATWE 核心的集成设计项目是针对结构相对简单的多高层建筑，SATWE 核心的集成设计的专业设计模块涉及结构建模、复杂楼板设计、结构基础、楼梯设计和 SATWE 分析设计等。本章将以一个典型的建筑工程案例详解 SATWE 的实战应用。

## 3.1 建筑结构设计总说明

本建筑工程项目为某地镇政府办公楼，占地面积约为 673m², 建筑总面积约为 4410m², 层高约为 3.6m。办公楼采用内廊式。根据建筑功能以及建筑施工要求，本工程确定采用如图 3-1 所示的框架布置。

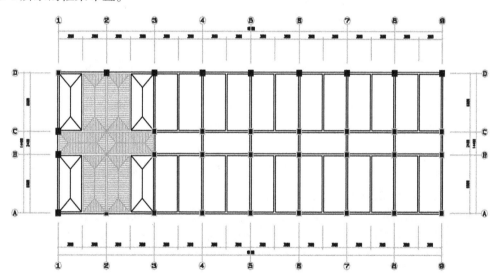

图 3-1 主体框架布置

### 3.1.1 工程概况

工程概况的相关内容如下所述。

**1. 建筑结构安全等级和设计使用年限**

建筑结构采用现浇钢筋混凝土框架结构，建筑层数为 7 层，建筑总高度约为 25.2m。本工程的结构设计使用年限为 50 年；结构安全等级为二级；建筑抗震设防类别为丙类建筑；抗震设防烈度为 7，设计基本地震加速度值为 0.1g，设计地震分组属第二组；基础设计等级为丙级。有关抗震的结构措施应按相应的抗震等级采用。

**2. 自然条件**

本地区基本风压 $0.40kN/m^2$，地面粗糙度均为 B 类。根据本工程《岩土工程勘察报告》及《建筑抗震设计规范》GB 5011—2010（2016 版）相关条款，地震分析采用截面验算设计地震震动参数 max 为 0.08，Tg 为 0.4s；建筑场地类别为 II 类。

**3. 地质条件**

地质条件如下所述。

1）地形地貌：场地属于低中山改造剥蚀地貌，斜坡、冲沟地形，地形总体为西高东低，场地内挡墙已经修好。

2）地层岩性：根据地勘报告，共有四种岩土层组成，从上而下分别如下所述。

- 素填土（Q4ml）：紫红色、黄灰色，由昔格达组泥岩、碎屑颗粒和三叠系泥岩碎石组成。
- 含碎石粉质黏土（Q4el + dl）：颜色为棕红色、紫红色、褐黄色和褐灰色。三叠系强风化泥岩碎石，粒径一般为 $20 \sim 90mm$。
- 昔格达组泥岩夹粉砂岩（NQx）：颜色为黄灰色、褐灰色。半成岩，节理较为发育，岩芯失水后易开裂。
- 强风化泥岩夹砂岩（T3bd）：颜色有紫红色、浅灰色和绿色。中细粒结构，节理较发育，岩质较硬。

3）在建筑物影响深度内无地下水分布。

4）未见有断层通过，也未有滑坡、崩塌等影响场地稳定的不良地质现象。

**4. 设计采用的均布活荷载标准值**（kN/m）

| 普通教室：2.0 | 办公室：2.0 | 美术、书法室：2.0 | 会议室：2.0 |
| 走廊、楼梯：2.5 | 音乐及舞蹈室：2.0 | 屋面：2.0（上人），0.5（不上人） | |

**5. 地基基础**

开挖基槽前，施工单位必须查明基槽周围地下市政管网设施和相邻建（构）筑物相关的距离，根据勘察报告提供的参数进行防坡。

建筑材料：基础采用 C25 钢筋混凝土，地梁和承台为 C30 钢筋混凝土，垫层为 C10。

本工程在基坑开挖后必须会同有关单位到现场验槽，如果与设计不符，请与设计单位协商解决。

## 3.1.2 主要构件选型及尺寸初步估算

本工程主体结构即基础、柱、梁、板及楼梯等为现浇钢筋混凝土结构。墙体为非承重墙，采用 200mm 厚的页岩砖。基础为柱下独立基础。

**1. 框架梁的初步估算**

框架梁的初步估算如下所述。

（1）主梁截面尺寸计算

根据规划，本工程建筑的主梁跨度包括 $L = 6000mm$（包括横向与纵向）和 $L = 2400mm$（仅有纵向）两种。

$L = 6000mm$ 的主梁横截面面积为 $h \times b$，则有：

$$h = (1/8 \sim 1/14)L = 750 \sim 430\text{mm} \qquad \text{取} \ h = 600\text{mm}$$
$$b = (1/2 \sim 1/3)h = 300 \sim 200\text{mm} \qquad \text{取} \ b = 300\text{mm}$$

故框架主梁初选截面尺寸为：$h \times b = 600\text{mm} \times 300\text{mm}$。

$L = 2400\text{mm}$ 的纵向主梁横截面面积为 $h \times b$，则有：

$$h = (1/8 \sim 1/14)L = 300 \sim 170\text{mm} \qquad \text{取} \ h = 300\text{mm}$$
$$b = (1/2 \sim 1/3)h = 125 \sim 85\text{mm} \qquad \text{取} \ b = 125\text{mm}$$

结合现场施工中的钢筋布置并充分考虑到建筑结构的整体性，此处建议选用与 $L = 6000\text{mm}$ 跨度梁相同的梁尺寸，故 $L = 2400\text{mm}$ 的框架主梁初选截面尺寸为 $h \times b = 600\text{mm} \times 300\text{mm}$。

（2）次梁截面尺寸计算

次梁跨度取 $L = 6000\text{mm}$，则有：

$$h = (1/12 \sim 1/18)L = 500 \sim 333\text{mm} \qquad \text{取} \ h = 500\text{mm}$$
$$b = (1/2 \sim 1/3)h = 200 \sim 133\text{mm} \qquad \text{取} \ b = 200\text{mm}$$

通常，按照以往经验，200mm 宽的梁常用于跨度小于 4m 的开间。本工程的次梁跨度为 6m，可适当增加梁宽度，故次梁初选截面尺寸为：$h \times b = 500\text{mm} \times (200 + 50)\text{mm}$。

**2. 结构板的厚度计算**

根据板的受力传递，均为四边传递，则连续板均按双向板计算，板厚度 $h = L/30 \sim L/35 = 100 \sim 85\text{mm}$（$L$ 为短向跨度，本工程取最小跨度 3000mm）。由于楼面板厚度不得低于 80mm，因此这里取值 $h = 100\text{mm}$ 是合理的。屋面板的最小厚度不得低于 100mm。

**3. 框架柱的初步估算**

柱截面尺寸可直接凭经验确定，也可先根据其所受轴力按轴心受压构件估算，再乘以适当的放大系数，以考虑弯矩的影响。在高层建筑中，框架柱的截面尺寸由轴压比控制。

框架柱的截面尺寸一般根据柱的轴压比按公式（3-1）和式（3-2）进行估算，柱组合的轴压力设计值：

$$N = \beta F g_\text{E} n \tag{3-1}$$

式中　$F$——按简支状态计算的中柱负荷面积。

　　　$g_\text{E}$——各层在单位面积上的竖向荷载取值，可按实际荷载计算，也可近似取 $12 \sim 15\text{kN/m}^2$，本工程取 $15\text{kN/m}^2$。

　　　$\beta$——考虑地震作用组合后柱轴力增大系数，边柱取 1.3，不等跨内柱取 1.25，等跨内柱取 1.2。

　　　$n$——建筑楼层层数。

柱截面面积估算公式为：

$$A_\text{c} \geqslant \frac{N}{[\mu_\text{N}]f_\text{c}} \tag{3-2}$$

式中　$[\mu_\text{N}]$——框架柱轴压比限值，对抗震等级为一级、二级、三级、四级，分别取 0.65、0.75、0.85、0.90；本工程抗震等级为三级，则框架柱轴压比限值 $[\mu_\text{N}] = 0.85$。

　　　$f_\text{c}$——混凝土轴心抗压强度设计值；对于 C30 混凝土，$f_\text{c} = 14.3\text{N/mm}^2$。

对于中柱：由二层梁配筋图（如图 3-2 所示）可得中柱的负荷面积是 $(6 + 6)/2 \times (6 + 2.4)/2\text{m}^2 = 6 \times 4.2\text{m}^2$。由此可得：

$$N = \beta F \, g_E n = 1.2 \times 25.2 \times 15 \times 7 = 3175 \text{kN}$$

$$A_c \geqslant \frac{N}{[\mu_N] f_c} = \frac{3175 \times 10^3}{0.85 \times 14.3} = 261209 \text{mm}^2$$

因此，框架柱截面 $A_c$ 的尺寸初选为；$b \times h = 600\text{mm} \times 600\text{mm} = 360000\text{mm}^2$。而 $360000\text{mm}^2 > 261209\text{mm}^2$。

> **提示:**
>
> 框架柱的截面宽度和高度均不宜小于 300mm，圆柱截面直径不宜小于 350mm，柱截面高宽比不宜大于 3。为避免柱产生剪切破坏，柱净高与截面长边之比宜大于 4，或柱的剪跨比宜大于 2。

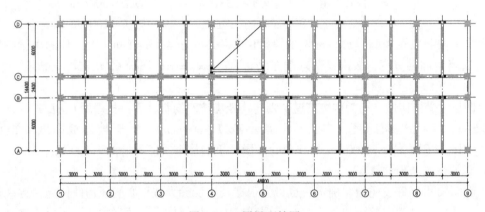

图 3-2　二层梁配筋图

# 3.2　SATWE 结构建模与分析

本工程项目前期已经完成了建筑方案设计，根据建筑方案的施工图并初步完成了各层结构设计图纸。结构设计是从建筑图纸中提炼并简化出来的结构元素，然后用这些提炼出来的结构元素构成建筑物的结构体系包括竖向和水平的承重及抗力体系，再把各种情况产生的荷载以最简洁的方式传递至基础。

本节中我们将利用 PKPM 软件的 PMCAD、SATWE、LTCAD 和 JCCAD 等模块来完成本工程的结构建模和相关的结构力学分析，经过核心计算得到相关计算书，从而优化和修改结构设计。

### 3.2.1　SATWE 分析特点与基本功能

SATWE 分析特点与基本功能如下所述。

**1. 分析特点**

SATWE 的分析特点如下所述。

（1）模型化误差小、分析精度高

对剪力墙和楼板的合理简化及有限元模拟，是多、高层结构分析的关键。SATWE 以壳元理论为基础，构造了一种通用墙元来模拟剪力墙，这种墙元对剪力墙的洞口（仅限于矩形洞）尺寸和位置无限制，具有较好的适用性。墙元不仅具有平面内刚度，也具有平面外刚度，可以较好地模拟工程中剪力墙的真实受力状态，而且墙元的每个节点都具有空间全部6个自由度，可以方便地与任意空间梁、柱单元连接，而不用任何附加约束。对于楼板，SATWE给出了4种简化假定，即假定楼板整体平面内无限刚、分块无限刚、分块无限刚带弹性连接板带和弹性楼板。上述假定灵活、实用，在应用中可根据工程的实际情况采用其中的一种或几种假定。

（2）计算速度快、解题能力强

SATWE具有自动搜索计算机内存功能，可把计算机的内存资源充分利用起来，最大限度地发挥计算机硬件资源的作用，在一定程度上解决了在计算机上运行的结构有限元分析软件的计算速度和解题能力问题。

（3）前后处理功能强

SATWE前接PMCAD程序，完成建筑物建模。SATWE前处理模块读取PMCAD生成的建筑物的几何及荷载数据，补充输入SATWE的特有信息，诸如特殊构件（弹性楼板、转换梁、框支柱等）、温度荷载、吊车荷载、支座位移、特殊风荷载、多塔，以及局部修改原有材料强度、抗震等级或其他相关参数，完成墙元和弹性楼板单元自动划分等。

SATWE以PK、JLQ、JCCAD、BOX等为后续程序。由SATWE完成内力分析和配筋计算后，可用梁柱施工图功能绘梁、柱施工图，用JLQ功能绘剪力墙施工图，并可为基础设计JCCAD和箱形基础BOX提供基础刚度及柱、墙底组合内力作为各类基础的设计荷载。同时自身具有强大的图形后处理功能。

2. 基本功能

SATWE的基本功能如下所述。

1）可自动读取经PMCAD的建模数据、荷载数据，并自动转换成SATWE所需的几何数据和荷载数据格式。

2）程序中的空间杆单元除了可以模拟常规的柱、梁外，通过特殊构件定义，还可有效地模拟铰接梁、支撑等。特殊构件记录在PMCAD建立的模型中，这样可以随着PMCAD建模变化而变化，实现SATWE与PMCAD的互动。

3）随着工程应用的不断拓展，SATWE可以计算的梁、柱及支撑的截面类型和形状类型越来越多。梁、柱及支撑的截面类型在PM建模中定义。混凝土结构的矩形截面和圆形截面是最常用的截面类型。对于钢结构来说，工形截面、箱形截面和型钢截面是最常用的截面类型。除此之外，PKPM的截面类型还有如下重要的几类：常用异形混凝土截面：L、T、十、Z形混凝土截面；型钢混凝土组合截面；柱的组合截面；柱的格构柱截面；自定义任意多边形异形截面；自定义任意多边形、钢结构、型钢的组合截面。对于自定义任意多边形异形截面和自定义任意多边形、钢结构、型钢的组合截面，需要用户用人机交互的操作方式定义，其他类型的定义都是用参数输入，程序提供针对不同类型截面的参数输入对话框，输入非常简便。

4）剪力墙的洞口仅考虑矩形洞，不用为结构模型简化而加计算洞；墙的材料可以是混凝土、砌体或轻骨料混凝土。

5）考虑了多塔、错层、转换层及楼板局部开大洞口等结构的特点，可以高效、准确地分析这些特殊结构。

6）SATWE 也适用于多层结构、工业厂房以及体育场馆等各种复杂结构，并实现了在三维结构分析中考虑活荷不利布置功能、底框结构计算和吊车荷载计算。

7）自动考虑了梁、柱的偏心、刚域影响。

8）具有剪力墙墙元和弹性楼板单元自动划分功能。

9）具有较完善的数据检查和图形检查功能，以及较强的容错能力。

10）具有模拟施工加载过程的功能，并可以考虑梁上的活荷不利布置作用；

11）可任意指定水平力作用方向，程序自动按转角进行坐标变换及风荷载导算；还可根据用户需要进行特殊风荷载计算。

12）在单向地震力作用时，可考虑偶然偏心的影响；可进行双向水平地震作用下的扭转地震作用效应计算；可计算多方向输入的地震作用效应；可按振型分解反应谱方法计算竖向地震作用；对于复杂体型的高层结构，可采用振型分解反应谱法进行耦联抗震分析和动力弹性时程分析。

13）对于高层结构，程序可以考虑 P-$\triangle$ 效应。

14）对于底层框架抗震墙结构，可接力 QITI 整体模型计算做底框部分的空间分析和配筋设计；对于配筋砌体结构和复杂砌体结构，可进行空间有限元分析和抗震验算（用于 QI-TI 模块）。

15）可进行吊车荷载的空间分析和配筋设计。

16）可考虑上部结构与地下室的联合工作，上部结构与地下室可同时进行分析与设计。

17）具有地下室人防设计功能，在进行上部结构分析与设计的同时，即可完成地下室的人防设计。

18）SATWE 计算完成后，可接力施工图设计软件绘制梁、柱、剪力墙施工图；接力钢结构设计软件 STS 绘钢结构施工图。

19）可为 PKPM 系列中的基础设计软件 JCCAD、BOX 提供底层柱、墙内力作为其组合设计荷载的依据，从而使各类基础设计中，数据准备的工作大大简化。

### 3.2.2 PMCAD 结构建模

有了前期结构设计图纸，在 PMCAD 结构建模时，就变得容易许多，通过分析计算，若发现设计问题，可及时返回到图纸中修改设计。

本工程项目是一个地上有 7 层结构的建筑，不设地下层。对于地基拉梁（或称地基梁、地梁）需要做出说明的是：利用 AutoCAD 软件打开本例源文件夹中的相关图纸文件，从打开的"基础平面布置图.dwg"图纸文件中可以看出独立基础之上是有结构梁的，这个结构梁实际上是地基拉梁，是为了增加结构整体性防止不均匀沉降和局部墙体拉裂而设置的，其受力状态完全不同于上部结构，应按弹性地基拉梁进行分析，其尺寸通常靠经验去设计，多数情况下在底层或中层建筑结构中是不参与结构内力计算的。

在有些高层或超高层的建筑框架结构（地下层有好几层的那种）中，地基拉梁本身也是地下顶层的结构梁，其作用跟地上层的结构梁是相同的，所以这样的地基拉梁是需要进行结构内力计算的。

**1. PAMCAD 结构建模**

PAMCAD 结构建模的具体操作步骤如下所述。

**01** 启动 PKPM 结构设计软件。在 PKPM 的主页界面中单击【新建/打开】按钮弹出【选择工作目录】对话框。通过浏览系统磁盘设置工作目录，如图 3-3 所示。

**02** 返回主页界面中双击新建的工作目录文件，进入 PMCAD 结构建模设计环境中。随后在弹出的【请输入工程名】对话框中输入工程名"上部结构设计"，单击【确定】按钮完成工程项目的创建，如图 3-4 所示。

**提示：**

可事先在系统磁盘路径中创建相应的文件夹，设置路径时直接指定最后一级文件夹即可。

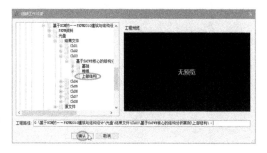

图 3-3 设置工作目录      图 3-4 输入工程名创建工程项目

**03** 单击【轴网】选项卡的【DWG】面板中的【导入 DWG】按钮进入【DWG 转结构模型】模式。再单击【装载 DWG 图】按钮导入本例源文件夹中的"1～6 层梁配筋图.dwg"图纸文件。

**04** 在【转图设置】控制面板中单击【轴线】项目或者在【选择和识别】面板中单击【轴网】按钮，按信息提示选择图纸中的轴线并右击，完成轴线的识别，如图 3-5所示。

图 3-5 识别轴线

**05** 在【选择和识别】面板中单击【柱】按钮，在图纸中选择一条柱边线并右击完成选择，系统自动识别所有柱图形，如图 3-6 所示。

**06** 在【选择和识别】面板中单击【梁】按钮，在图纸中选择一条梁边线并右击完成选择，系统自动识别所有梁图形，如图 3-7 所示。

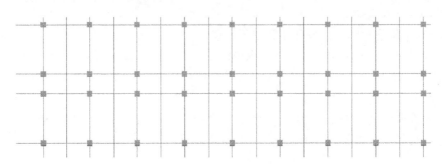

图 3-6  识别所有柱图形

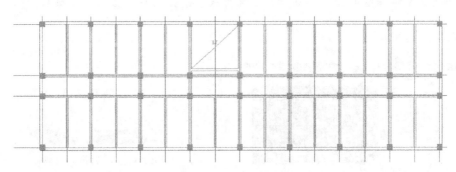

图 3-7  识别所有梁图形

**07** 在【单层模型】面板中单击【生成模型（单层）】按钮███，系统自动创建 PM 模型，然后指定左下角的轴线交点（轴线编号 A 与轴线编号 1 的交点）作为基准点，连续两次按下 Enter 键后，自动创建轴线及柱梁模型，如图 3-8 所示。

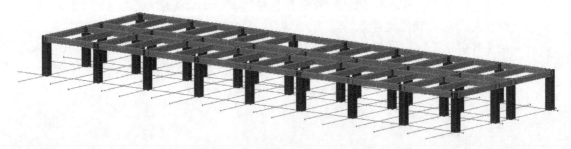

图 3-8  自动创建轴网、柱、梁模型

**08** 梁模型是自动识别并创建的，默认的截面尺寸为 300mm×500mm，这与前面初步估算的值不符，需要修改。在图形区中选中某一条主梁并右击，弹出【构件信息】对话框。在【定义信息】选项组中修改【矩形截面高度】值为 600，选择【是】选项，最后单击【确定】按钮完成修改，如图 3-9 所示。同理，右击次梁查看其构件信息，保证梁截面尺寸为 250mm×500mm 即可。

**09** 框选所有梁并右击，在弹出的【构件属性】对话框的【特殊构件信息】选项组中选择【抗震等级】为【二级】、【抗震构造措施抗震等级】为【二级】，最后单击【确定】按钮完成修改，如图 3-10 所示。同理，将所有柱的抗震等级也进行类似设置。

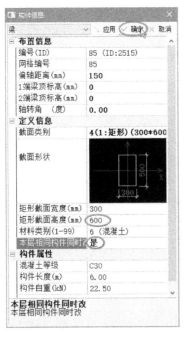

图3-9　修改构件截面尺寸　　　　图3-10　设置抗震等级和抗震措施等级

**提示：**

抗震等级的选择可参考《建筑抗震设计规范》GB 50011—2010（2016版）中的表6.1.2，这里将该表摘录如下，见表3-1。另外，抗震构造措施等级参考如下。

- 当建筑场地为Ⅲ、Ⅳ类时，且设计基本地震加速度为0.15g和0.30g时，抗震构造措施分别按8度和9度采取抗震构造措施。
- 场地类别为Ⅰ类时，丙类建筑降低一度采取抗震构造措施（6度时不降低），甲乙类不降低。
- 场地类别为Ⅱ类时，甲乙丙类都不降低也不提高。

表3-1　现浇钢筋混凝土房屋的抗震等级

| 结构类型 | | 设防烈度 | | | | | | |
|---|---|---|---|---|---|---|---|---|
| | | 6 | | 7 | | | 8 | 9 |
| 框架结构 | 高度 | ≤24 | >24 | ≤24 | >24 | ≤24 | >24 | ≤24 |
| | 框架 | 四 | 三 | 三 | 二 | 二 | 一 | 一 |
| | 大跨度框架 | 三 | | 二 | | | 一 | |
| 框架-抗震墙结构 | 高度/m | ≤60 | >60 | ≤24 | 25~60 | >60 | ≤24 | 25~60 | >60 | ≤24 | 25~50 |
| | 框架 | 四 | 三 | 四 | 三 | 二 | 三 | 二 | 一 | 二 | 一 |
| | 抗震墙 | 三 | | 三 | | 二 | | 二 | | 一 | |
| 抗震墙结构 | 高度/m | ≤80 | >80 | ≤24 | 25~80 | >80 | ≤24 | 25~80 | >80 | ≤24 | 25~60 |
| | 抗震墙 | 四 | 三 | 四 | 三 | 二 | 三 | 二 | 一 | 二 | 一 |

(续)

| 结构类型 | | | 6 | | 7 | | | 8 | | 9 |
|---|---|---|:-:|:-:|:-:|:-:|:-:|:-:|:-:|:-:|
| 部分框支抗震墙结构 | | 高度/m | ≤80 | >80 | ≤24 | 25~80 | >80 | ≤24 | 25~80 | |
| | 抗震墙 | 一般部位 | 四 | 三 | 四 | 三 | 二 | 三 | 二 | |
| | | 加强部位 | 三 | 二 | 三 | 二 | 一 | 二 | 一 | |
| | 框支层框架 | | 二 | | 二 | | 一 | 一 | | |
| 框架-核心筒结构 | 框架 | | 三 | | 二 | | | 一 | | 一 |
| | 核心筒 | | 二 | | 二 | | | 一 | | 一 |
| 筒中筒结构 | 外筒 | | 三 | | 二 | | | 一 | | 一 |
| | 内筒 | | 三 | | 二 | | | 一 | | 一 |
| 板柱-抗震墙结构 | | 高度/m | ≤35 | >35 | ≤35 | | >35 | ≤35 | | >35 |
| | 框架、板柱的柱 | | 三 | 二 | 二 | | 二 | 二 | | 一 |
| | 抗震墙 | | 二 | 二 | 二 | | 二 | 二 | | 一 |

注意：表中的"一、二、三、四"即抗震等级为一、二、三、四的简称。

**10** 在【楼板】选项卡中单击【生成楼板】按钮▦，自动生成楼板，如图 3-11 所示。

图 3-11　自动生成楼板

**11** 单击【板洞】按钮▱，在弹出的【板洞布置】控制面板中单击【增加】按钮，设置板洞尺寸，如图 3-12 所示。

**12** 将定义的洞口放置在楼梯间中，如图 3-13 所示。

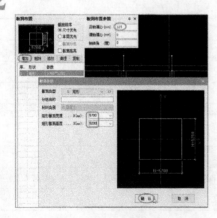

图 3-12　设置板洞参数

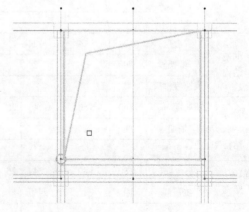

图 3-13　放置板洞

**2. 施加荷载**

关于 PKPM 中构件的荷载问题，这里有以下几点重要说明。

- 楼板的恒载由楼板自重 + 装修材料荷载构成，系统会自动计算并给一个参考值，无须用户设定。活荷载可通过查询《建筑结构荷载规范》GB 50009—2019 获得。本工程项目是办公楼，所以活荷载值是 $2kN/m^2$。另外，计算荷载时，系统自动将楼板荷载传导给周边框架梁和柱。

- 框架梁的恒载 = 梁自重 + 梁上自承重墙的墙重。但在 PKPM 中布置框架梁的恒荷载时，只需考虑梁上自承重墙的墙重（或称"墙自重"）即可，因为系统会自动计算梁自重，所以在施加梁的恒荷载时不用输入梁自重。梁的活荷载也是楼板传来的荷载（即板传活荷载），经计算得出 $2.0kN/m^2 \times 1.5m \times [1 - 2 \times (1.5/6)^2 + (1.5/6)^3] \times 2 = 5.625kN/m$。

- 对于结构柱的恒活荷载，一般不用考虑是否输入荷载的问题，除非结构柱上有牛腿这种情况，因为柱上的荷载系统会自动计算。

- 以上属于常规状态下的荷载问题。另外有一些特殊情况需要输入荷载，比如说梁上没有填充墙，但有一个比较重的设备，那么就不用输入梁的恒载，但要按设备的实际作用力输入梁上活荷载。再如结构柱在中部受到一个水平力（设置了一个雨篷斜拉杆拉在柱子上），那么就要输入柱子的活荷载。楼面荷载传导计算就是把楼面的荷载传至梁上，再把梁的荷载传至柱上，最后把柱的荷载传至最低层，为基础计算做准备。

施加荷载的具体操作步骤如下所述。

**01** 在【荷载】选项卡的【总信息】面板中单击【恒活设置】按钮 🔧，在弹出的【楼面荷载定义】对话框中设置楼面恒载标准值为 3.83，楼面活荷载值为 2，如图 3-14 所示。

> 💡 提示：
>
> 标准层楼面由大理石装饰面层（荷载 $1.16kN/m^2$）、钢筋混凝土板层（荷载 $2.5kN/m^2$）和混合砂浆层（荷载 $0.17kN/m^2$）构成，经过计算得出总的恒定荷载为 $3.83kN/m^2$。另外值得注意的是，【楼面荷载定义】对话框中的三个复选框必须勾选，这几个选项能确保系统自动计算楼面荷载并将荷载传递给梁，再由梁传递给柱。

**02** 单击【确定】按钮，在弹出的【荷载显示设置】对话框中勾选所有荷载显示复选框，如图 3-15 所示。系统自动为整层楼板施加恒活载荷，并将值显示在各房间及走廊的板面上，如图 3-16 所示。

图 3-14　楼面荷载定义

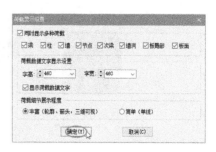

图 3-15　荷载显示设置

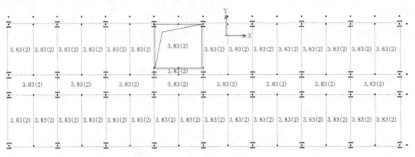

图 3-16  显示恒活荷载值

**03** 建筑楼层的中间部分为走廊，其构造与其他房间不同，因此载荷也是有区别的，各办公房间采用标准层恒荷载值，而走廊的恒荷载值为 $3.32kN/m^2$，活荷载值为 $2.5kN/m^2$，需要在【恒载】面板中单击【板】按钮，定义恒载值后，选取走廊的板面进行恒荷载值的修改，如图 3-17 所示。

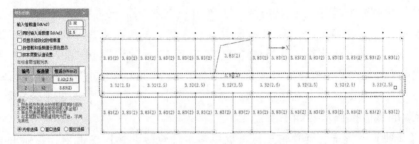

图 3-17  修改走廊的楼面恒荷载

**04** 梁分主梁（截面 300mm×600mm）和次梁（截面 250mm×500mm），但它们的自重荷载系统会自动计算，这里仅设置非承重墙的荷载即可。在【恒载】面板中单击【梁】按钮，接着在弹出的【梁：恒载布置】控制面板中单击【增加】按钮，在【添加：梁荷载】对话框中设置非承重墙的容重并计算出恒载值为 $11.808kN/m^2$，如图 3-18 所示。

💬 提示：

页岩多孔砖的容重取值可参考《砌体结构设计规范》GB 50003—2011，查询可得页岩多孔砖的容重值为 $16.4kN/m^2$。

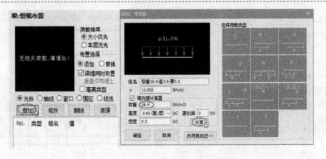

图 3-18  定义主梁恒荷载参数

**05** 在图形区中框选所有梁来施加恒荷载，结果如图3-19所示。

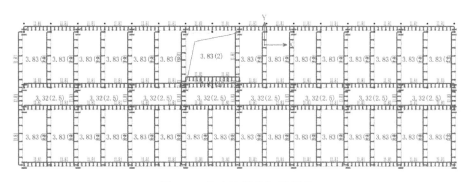

图 3-19　为主次梁施加恒荷载

**06** 在【活载】面板中单击【梁】按钮，在弹出的【梁：活载布置】控制面板中继续增加活荷载的类型与参数，然后框选所有梁系统自动施加活荷载，如图3-20所示。

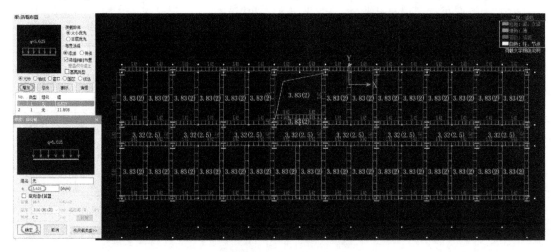

图 3-20　施加活荷载

**3. 组装楼层**

组装楼层的具体操作步骤如下所述。

**01** 在【楼层】选项卡的【组装】面板中单击【设计参数】按钮，在弹出的【楼层组装-设计参数】对话框的【总信息】选项卡中设置相关钢筋的砼（混凝土的意思）保护层厚度值，如图3-21所示。

**02** 在【材料信息】选项卡中设置【混凝土容重】和【砌体容重】，如图3-22所示。

提示：

混凝土容重可通过表3-2查得。

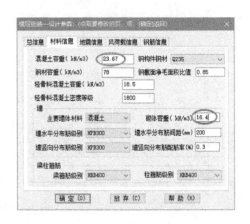

图 3-21　设置混凝土保护层　　　　图 3-22　设置容重

表 3-2　混凝土容重表

| 标号 | 容重（kN/m³） | 标号 | 容重（kN/m³） | 标号 | 容重（kN/m³） | 标号 | 容重（kN/m³） |
|---|---|---|---|---|---|---|---|
| C10 泵 | 23.44 | C10 自卸 | 23.45 | C25P6 泵 | 23.62 | C15 细石泵 | 23.51 |
| C15 泵 | 23.48 | C15 自卸 | 23.50 | C30P6 泵 | 23.67 | C20 细石泵 | 23.56 |
| C20 泵 | 23.56 | C20 自卸 | 23.54 | C35P6 泵 | 23.73 | C25 细石泵 | 23.64 |
| C25 泵 | 23.61 | C25 自卸 | 23.62 | C40P6 泵 | 23.76 | C30 细石泵 | 23.69 |
| C30 泵 | 23.67 | C30 自卸 | 23.68 | C45P6 泵 | 23.81 | C35 细石泵 | 23.73 |
| C35 泵 | 23.72 | C35 自卸 | 23.72 | C25P8 泵 | 23.62 | C15 细石自卸 | 23.51 |
| C40 泵 | 23.75 | C40 自卸 | 23.76 | C30P8 泵 | 23.67 | C20 细石自卸 | 23.57 |
| C45 泵 | 23.80 | C45 自卸 | 23.80 | C35P8 泵 | 2374 | C25 细石自卸 | 23.60 |
| C50 泵 | 23.84 | C50 自卸 | 23.87 | C40P8 泵 | 2377 | C30 细石自卸 | 23.64 |
| | | | | C45P8 泵 | 2382 | | |
| | | | | C25P6 自卸 | 2362 | | |
| | | | | C30P6 自卸 | 2369 | | |

**03** 在【地震信息】选项卡中设置地震信息相关的参数，如图 3-23 所示。

**04** 在【风荷载信息】选项卡中设置风压、地面粗糙度类别等信息参数，如图 3-24 所示。最后单击【确定】按钮完成设计参数的设置。

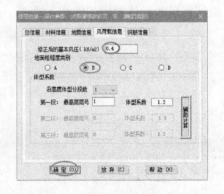

图 3-23　设置地震信息参数　　　　图 3-24　设置风荷载信息参数

**05** 在【组装】面板中单击【全楼信息】按钮 <img_1>，在弹出的【全楼各标准层信息】对话框中修改【板保护层（mm）】参数为20，如图3-25所示。

图3-25 修改板保护层厚度

**06** 在【楼层】选项卡的【标准层】面板中单击【增加】按钮，在弹出的【选择/添加标准层】对话框中选中【全部复制】单选按钮后单击【确定】按钮，将标准层1中的所有构件全部复制到第2标准层中，如图3-26所示。按照同样的操作方法，依次复制出其余标准层。在复制第7层标准层时，单击【局部复制】单选按钮来复制楼梯间区域的柱、梁和楼板。在功能区右侧的标准层列表中可以看到复制的标准层，如图3-27所示。

提示：

执行相同命令时，可右击鼠标键快速启动命令。

图3-26 复制标准层

图3-27 复制的所有标准层

**07** 在【楼板】选项卡的【修改】面板中单击【删除】|【板洞】按钮，将楼梯间楼板的板洞删除。最终第7标准层的结果如图3-28所示。

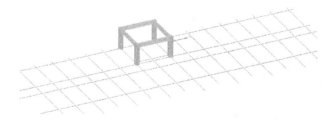

图3-28 第7标准层的构件

**08** 在【楼层】选项卡的【组装】面板中单击【楼层组装】按钮，弹出【楼层组装】对话框。首先修改标准层的层高为3600，单击【修改】按钮进行确认，如图3-29

所示。

**09** 在【标准层】列中选择【第 2 标准层】，再单击【增加】按钮，将楼层添加到右侧的【组装结果】列表中。之后依次将其余标准层添加到右侧列表中，最后单击【确定】按钮完成楼层的组装，如图 3-30 所示。

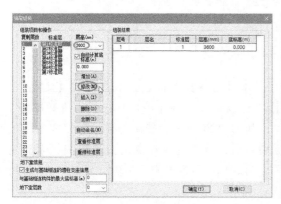

图 3-29 修改层高

图 3-30 复制楼层并完成组装

**10** 在功能区的右侧单击【整楼】按钮，可看到组装的楼层效果，如图 3-31 所示。

**11** 在【轴网】选项卡【网点】面板中单击【节点下传】按钮，在弹出的【请选择】对话框中单击【自动下传】按钮完成节点下传，如图 3-32 所示。

> **提示：**
>
> 上下楼层之间的节点和轴网的对齐，是 PMCAD 中上下楼层构件之间对齐和正确连接的基础，大部分情况下如果上下层构件的定位节点、轴线不对齐，则在后续的其他程序中往往会视为没有正确连接，从而无法正确处理。因此针对上层构件的定位节点下层没有对齐节点的情况，软件提供了节点下传功能，可根据上层节点的位置在下层生成一个对齐节点，并打断下层的梁、墙构件，使上下层构件可以正确连接。

**12** 至此完成了建筑上部结构的设计。

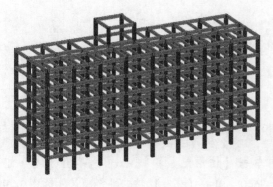

图 3-31 查看楼层组装效果

图 3-32 节点下传

### 3.2.3 SATWE 分析与结果查看

SATWE 除了自动运行结构分析外，另一作用就是补充用户为结构构件施加的载荷及工况时缺少的一些条件，具体操作步骤如下所述。

**01** 在功能区中切换至【前处理及计算】选项卡，随后弹出【保存提示】对话框。若勾选【自动进行 SATWE 生成数据 + 全部计算】复选框，单击【确定】按钮后系统会自动进行结构分析，如图 3-33 所示。

**02** 若不勾选【自动进行 SATWE 生成数据 + 全部计算】复选框，单击【确定】按钮后，可利用【前处理及计算】选项卡中的相关工具进行补充操作，【前处理及计算】选项卡如图 3-34 所示。

图 3-33 自动分析并生成数据

图 3-34 【前处理及计算】选项卡

**03** 当觉得需要补充一些特殊荷载（包括温度荷载、特殊风、外墙与人防、防火设计等）时，例如添加温度荷载，可在【荷载补充】面板中单击【特殊荷载】|【温度荷载】按钮，将会弹出【温度荷载】控制面板。在【温度荷载】控制面板的【温度荷载定义】选项区中，单击【荷载布置】选项，在弹出的【温度荷载定义】对话框中定义最高升温和最低降温值，之后单击【全楼同温】按钮，如图 3-35 所示。

图 3-35 补充温度荷载

💡提示：

　　温度荷载会引起结构变形。在进行温度分析之前，设计师首先应该合理确定结构的温度场，目前在 SATWE 及 PMSAP 程序中均是通过定义节点处的温差来定义温度荷载的，程序利用有限元法计算温度荷载对结构的影响，并通过自定义荷载组合功能与其他荷载效应进行相应的组合，从而能够较准确地考虑温度对结构的影响，有助于设计人员采取相应的对策和措施。由于一般的建筑结构中出现的温度荷载主要作用是均匀地普遍升温或者降温作用，所以目前在 SATWE 和 PMSAP 软件程序中均采用杆件截面均匀受温、均匀伸缩的温度加载方式，也即对于杆件内外表面的温差影响没有考虑，所以在 SATWE 和 PMSAP 程序中对于温度的计算，只考虑了均匀受温引起的轴向变形，不考虑杆件两侧温差所引起的弯曲变形。设计师在定义温度荷载时，对于梁、柱构件，只需在两端的节点上分别定义节点温差，从而定义了一根杆件温度升高或者温度降低。温差是指结构某部位的当前温度值与该部位处于无温度应力时的温度值的差值。

**04** 不再补充荷载及其他构件时，单击【前处理及计算】面板中的【生成数据 + 全部计算】按钮，执行（或重新执行）结构分析并生成数据，如图 3-36 所示。

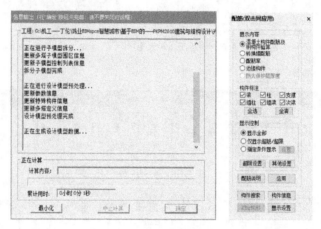

图 3-36　运行结构分析

**05** 结构分析完成后，系统会在图形区中自动显示配筋结果，如图 3-37 所示。

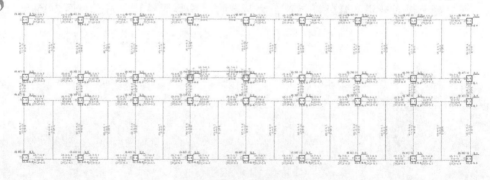

图 3-37　显示配筋结果

**06** 可在【结果】选项卡中查看各种分析结果、设计结果、特殊分析结果等信息，如图 3-38 所示。

图 3-38　【结果】选项卡

**07** 例如，在【分析结果】面板中单击【振型】按钮，在弹出的【振型（双击同应用）】控制面板中选中【应变能】单选按钮，选择【振型 1（1.026）】振型类型，其余选项保留默认，单击【应用】按钮，可动态观察建筑结构的振动变形情况，如图 3-39 所示。

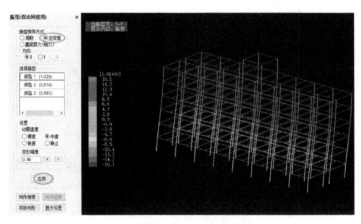

图 3-39　动态查看振动幅度

**08** 在【文本结果】面板中单击【文本及计算书】按钮，系统自动生成计算书，如图 3-40 所示。

**09** 在图形区窗口的右上角单击【计算书设置】按钮，在弹出的【计算书设置】对话框中设置文本信息，如图 3-41 所示。最后单击【输出 Word】按钮，将计算书导出为 Word 文本。

图 3-40　自动创建计算书并导出

**10** 在【文本结果】面板中单击【工程量统计】按钮，在弹出的【工程量统计计算书】对话框中勾选要输出的内容选项，之后单击【生成计算书】按钮，系统自动创建工程量统计计算书，如图3-42所示。

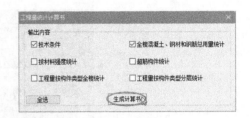

图 3-41　计算书设置　　　　　　　　图 3-42　创建工程量统计计算书

**11** 在【文本结果】面板中单击【导出EXCEL】按钮，在弹出的【ExportExcel】对话框中选择要导出的数据类型，最后单击【导出】按钮，完成数据导出，如图3-43所示。

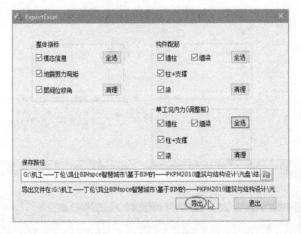

图 3-43　导出数据

**12** 至此完成了本工程的上部结构设计与结构分析，最后保存数据结果。

## 3.2.4 创建砼施工图

在PKPM的许多专业模块中都能够独立建立施工图，包括在PMCAD中可建立砼施工图（混凝土结构施工图）、LTCAD中建立楼梯大样图和JCCAD中建立基础平面布置图等施工图。本小节介绍砼施工图（主要是梁平法的结构平面图）的建立过程，具体操作步骤如下所述。

→

> 💡 提示：
>
> 　　PMCAD 中的砼施工图设计功能其实是 PKPM 的 PAAD 模块，其承担了施工图设计过程中的主要制图功能。

**01** 在功能区单击【砼施工图】选项卡，切换到砼施工图设计模式。图 3-44 所示为砼施工图设计模式中的功能区选项卡。
- 【模板】选项卡：该选项卡是施工图创建的通用工具选项卡，包括适用于整个工程的参数设置及与模型、轴线相关的设计工具。
- 【梁】选项卡：该选项卡中的工具主要用来创建标准层的结构平面布置图，包括载入图纸图框、图纸标注、各构件节点详图及手工补充绘图等。
- 【柱】选项卡：该选项卡中的工具主要用来创建柱施工图。
- 【墙】选项卡：该选项卡中的工具主要用来创建墙施工图。
- 【板】选项卡、【组合楼板】选项卡和【层间板】选项卡：这三个选项卡主要用于板施工图的创建。
- 【楼梯】选项卡：主要用来设计楼梯构件和楼梯施工图，也就是后面（3.3 节）要介绍的LTCAD 楼梯设计模块。
- 【工程量】选项卡：该选项卡主要用于混凝土结构、砌体结构及其钢筋的统计。

图 3-44　砼施工图设计模式中的功能区选项卡

**02** 进入砼施工图设计模式后，在图形区中会自动显示关于梁和柱的结构平面布置图，如图 3-45 所示。此时这个图还不是真正意义上的施工图，缺少标注、文字注释等要素。

**03** 如果需要批量出图，比如多楼层建筑的各层结构施工图，可在【模板】选项卡的【设置】面板中单击【结构提资】按钮🔲，在弹出的【批量出图】对话框中进行选项和参数设置，即可将多张施工图集成在一张图纸中，如图 3-46 所示。

**04** 单击【图表】|【图框】按钮🔲，可将系统默认的图框载入到当前视图中，默认的图框比结构平面图大，如图 3-47 所示。

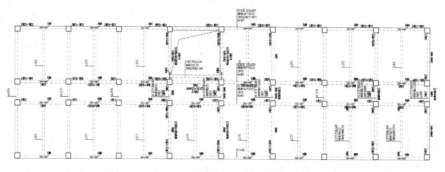

图 3-45　结构平面布置示意图

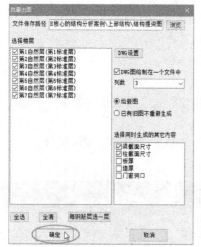

图 3-46　批量出图设置

图 3-47　载入图框

**05** 载入的图框比较大，这显然是不合理的。这需要在载入图框的时候就要选择图框的大小。单击【修改】面板中的【删除】按钮，将图框删除。然后重新单击【图表】|【图框】按钮，接着按键盘的 Tab 键，会弹出【图框设定】对话框，在该对话框中选择【图纸号】为"3号"，设置【图纸加长】为 250 和"图纸加宽"为 100，单击【确认】按钮在图形区中放置设置好的图框，如图 3-48 所示。

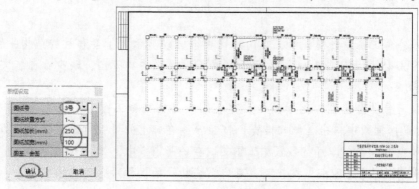

图 3-48　设置图框并放置图框

◎提示：

如果平面图在图框中的位置不是正中，可单击【修改】面板中的【移动】按钮✥，将图框平移至合适位置即可，千万不要去平移平面图来协调两者的位置问题。

**06** 在【标注】面板中单击【轴线】|【自动】按钮⠿，在弹出的【轴线标注】对话框中根据需要勾选相应的复选框后单击【确定】按钮，将会自动完成轴线的标注，如图 3-49 所示。

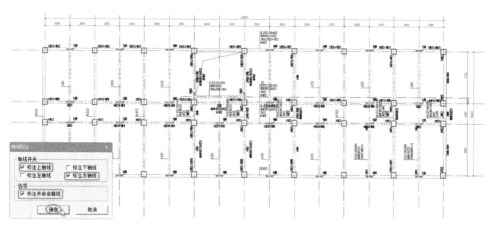

图 3-49 自动标注轴网

**07** 在【标注】面板中单击【轴线】|【交互】按钮⠿，在弹出的【轴线标注参数】对话框中根据需要勾选相应复选框后单击【确定】按钮，然后在图形区中选取轴线进行标注，标注左侧轴线和下轴线，如图 3-50 所示。

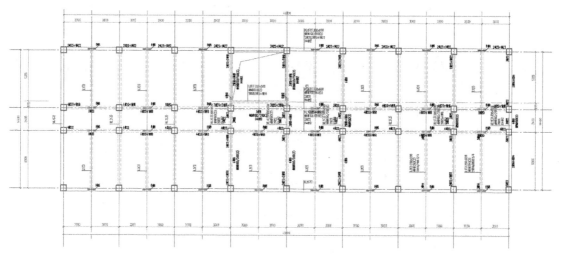

图 3-50 标注轴线

**08** 在【设置】面板中单击【图表】|【图名】按钮⠿，在弹出的【注图名】对话框中输入图名信息，单击【确定】按钮后将图名放置于平面图的下方，如图 3-51 所示。

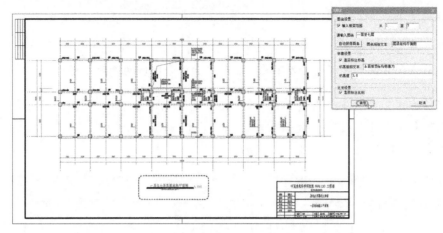

图 3-51  设置图名

**09** 在【设置】面板中单击【图表】|【修改图签】按钮，在弹出的【修改图签内容】对话框中输入图签的相关信息，单击【更新图签】按钮后自动完成图签的修改，如图 3-52 所示。

图 3-52  修改图签内容

**10** 切换到【梁】选项卡。在【连续梁修改】面板中单击【梁名修改】按钮，在图形区中选取要修改梁名的连续梁。随后在弹出的【请输入连续梁名称】对话框中输入新的梁名并单击【确定】按钮，完成所选同类型连续梁的梁名修改，如图 3-53 所示。

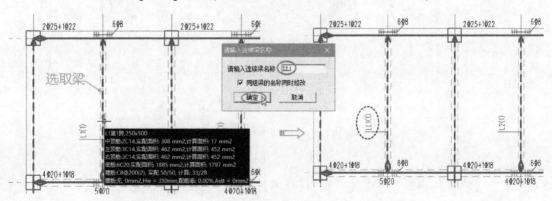

图 3-53  修改梁名

**11** 同理，完成其他梁名的修改。在【钢筋编辑】面板中单击【钢筋修改】|【成批修改】按钮▦，在图形区中选取一条边跨梁，右击后在弹出的【请编辑需要修改的钢筋】对话框中输入新的钢筋参数，单击【确定】按钮完成批量更改，如图3-54所示。

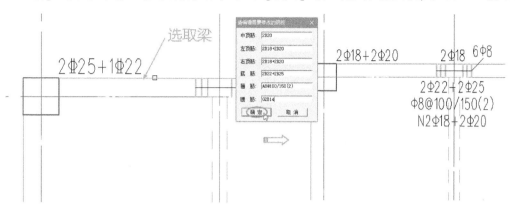

图 3-54　修改钢筋

> 📌提示：
>
> 在【请编辑需要修改的钢筋】对话框输入字母 A 表示一级钢筋（符号 A，斜体∅有时用来表示直径符号，这里可输入字母 F），输入字母 B 表示二级钢筋（符号 B），输入字母 C 表示三级钢筋（符号 C）。另外在新的《混凝土结构设计规范》中，已经取消旧规范钢筋的"一级""二级""三级"和"四级"叫法，新规范对应更改为 HPB300、HRB335、HRB400 和 HRB500。

**12** 在【立剖图】面板中单击【立剖面图】|【绘立剖图】按钮，在图形区中选取要创建剖面图的单条梁或多条梁，系统会自动创建梁的立剖面图，如图3-55所示。

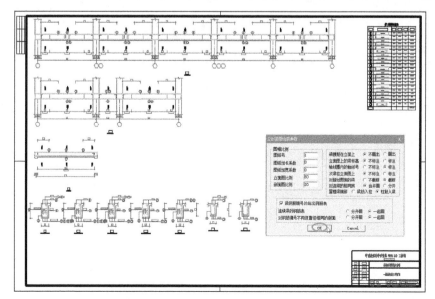

图 3-55　创建梁的立剖面图

**13** 在【返回平面】面板中单击【返回平面图】按钮↩，返回到结构平面图视图状态。

**14** 功能区选项卡的顶部为快速访问工具栏，在快速访问工具栏单击【保存到 T 和 DWG】按钮▣，在弹出的【请选择需要转换的 T 图】对话框中输入施工图的名称"结构平面施工图"，单击【保存】按钮完成施工图图纸文件的创建，如图 3-56 所示。

图 3-56　创建施工图图纸文件

**15** 同理，可切换到【柱】选项卡、【墙】选项卡、【板】选项卡中创建柱施工图、墙施工图和板施工图等，创建方法与结构平面施工图（梁配筋）是大致相同的，这里不再赘述。

## 3.3　LTCAD 楼梯设计、建模与分析

本建筑采用现浇整体板式楼梯，如图 3-57 所示。楼梯踏步尺寸为 150mm×300mm，楼梯采用 C30 混凝土，板采用 HPB235 级钢筋，梁采用 HPB335 级钢筋，楼梯上均布活荷载标准值为 $q_k = 2.5 \text{kN/m}^2$。

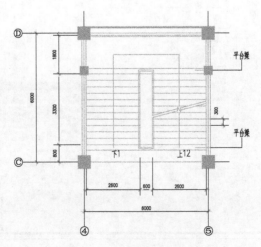

图 3-57　楼梯间大样图

### 3.3.1 楼梯尺寸确定

从上图可以得知，楼梯间的实际空间尺寸为5800mm×5900mm。

（1）楼梯坡度

楼梯坡度一般为20°～45°，其中以30°左右较为常用。楼梯坡度的大小由踏步的高宽比确定。

（2）踏步尺寸

通常踏步尺寸按如图3-58所示的经验公式确定。

经验公式 $2h + b = 600\sim620mm$

图3-58 踏步设计公式

楼梯间各尺寸计算参考示意图如图3-59所示。

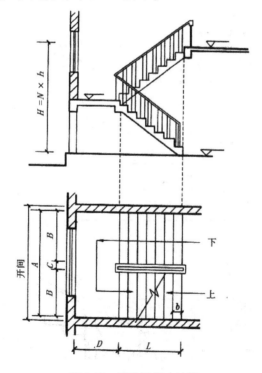

图3-59 楼梯间尺寸计算

A—楼梯间开间宽度 B—梯段宽度 C—梯井宽度 D—楼梯平台宽度 H—层高 L—楼梯段水平投影长度
N—踏步级数 h—踏步高 b—踏步宽

在设计踏步尺寸时，由于楼梯间进深所限，当踏步宽度较小时，可采用踏面挑出或踢面倾斜（角度一般为1°～3°）的办法，以增加踏步宽度，如图3-60所示。

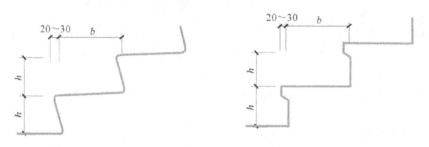

图 3-60 增加踏步宽度的两种方法

表 3-3 所示为各种类型的建筑常用的适宜踏步尺寸。通过查表，可以确定本案（办公楼性质）楼梯的踏步尺寸为 150mm（$h$）×300mm（$b$）。楼层高度为 3600mm，所以踏步的步数为 3600mm÷150mm ＝24（步）。

表 3-3 适宜踏步尺寸

| 楼梯类型 | 住　宅 | 学校、办公楼 | 影剧院、会堂 | 医　院 | 幼 儿 园 |
|---|---|---|---|---|---|
| 踏步高/mm | 156～175 | 140～160 | 120～150 | 150 | 120～150 |
| 踢面深/mm | 300～260 | 340～280 | 350～300 | 300 | 280～260 |

（3）梯段尺寸

梯段宽度是指梯段外边缘到墙边的距离，它取决于同时通过的人流股数和消防要求。有关的规范一般限定其下限（如表 3-4 和图 3-61 所示）。因本案楼梯开间的实际尺寸为 5800mm，在空间足够大的情况下，可实际增加梯段尺寸，确保在 2600～2900mm 之间取值。

表 3-4 楼梯梯段宽度设计依据

| 每股人流量宽度为 550mm + （0～150mm） | | |
|---|---|---|
| 类　别 | 梯段宽 | 备　注 |
| 单人通过 | ≥900 | 满足单人携带物品通过 |
| 双人通过 | 1100～1400 | |
| 多人通过 | 1650～2100 | |

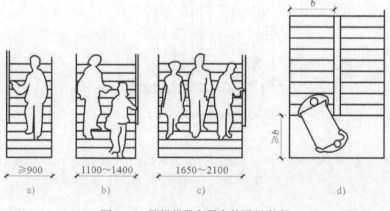

图 3-61 楼梯梯段和平台的通行宽度

a) 单人通过　b) 双人通过　c) 多人通过　d) 特殊需要

（4）梯井

两个梯段之间的空隙叫梯井。公共建筑的梯井宽度应不小于 150mm。本案的楼梯梯井根据梯段的取值来确定，若梯段取值 2600mm，那么梯井就是 5800mm – 2600mm × 2 = 600mm。

（5）平台宽度

楼梯平台有中间平台和楼层平台之分。为保证正常情况下人流通行和非正常情况下安全疏散，以及搬运家具设备的方便，中间平台和楼层平台的宽度均应等于或大于楼梯段的宽度。

在开敞式楼梯中，楼层平台宽度可利用走廊或过厅的宽度，但为防止走廊上的人流与从楼梯上下的人流发生拥挤或干扰，楼层平台应有一个缓冲空间，其宽度不得小于 500mm，如图 3-62 所示。所以本案楼梯的平台宽度初始估值为 5900 – 300 × (13 – 1) = 2300mm。但楼梯上行位置需要一个缓冲，这里取值 800mm > 500mm，故中间平台宽度取值为 1800mm。

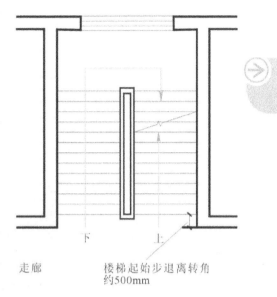

图 3-62 开敞式楼梯间转角处的平面布置

## 3.3.2 楼梯建模

楼梯建模的具体操作步骤如下所述。

**01** 接着前面的上部结构设计与分析的结果，继续本工程的楼梯建模。在功能区右侧的专业模块列表中选择【楼梯设计】模块，转入楼梯设计环境，如图 3-63 所示。

**02** 在【楼梯】选项卡的【参数】面板中单击【主信息】按钮，在弹出的【LTCAD参数输入】对话框的【楼梯主信息二】选项卡中设置相关参数，如图 3-64 所示。

图 3-63 进行楼梯设计环境

图 3-64 设置楼梯主信息

**03** 在【文件】面板中单击【新建楼梯】按钮 📄，在弹出的【新建楼梯工程】对话框中输入楼梯文件名，单击【确认】按钮，如图 3-65 所示。

**04** 在【楼梯间】面板中单击【矩形房间】按钮 📕，在弹出的【矩形梯间输入】对话框中输入楼梯间的相关尺寸，单击【确定】按钮完成楼梯间的创建，如图 3-66 所示。

图 3-65 新建楼梯工程

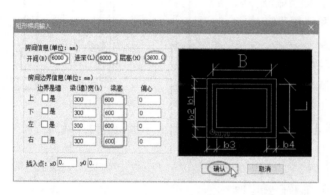

图 3-66 创建楼梯间

**05** 在【楼梯间】面板中单击【本层信息】按钮 📑，在弹出的【用光标点明要修改的项目】对话框中设置【板厚】为 120、【本标准层层高】为 3600，单击【确定】按钮完成信息修改，如图 3-67 所示。

**06** 在【楼梯布置】面板中单击【楼梯布置】按钮 📑，在弹出的【请选择楼梯布置类型】对话框中选择【2 跑】类型，如图 3-68 所示。

图 3-67 设置标准层信息

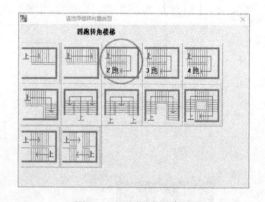

图 3-68 选择楼梯类型

**07** 在弹出的【平行两跑楼梯-智能设计对话框】中定义楼梯参数，最后单击【确定】按钮完成楼梯的设计，如图 3-69 所示。

**08** 在【梯梁布置】面板中单击【梯梁删除】按钮 📑，将下行楼梯一层的梯梁删除。再在【楼梯间】面板中单击【删除构件】|【删除主梁】按钮 📑，将四周的楼层结构梁全部删除，因为在结构建模时这些梁已经创建，删除结果如图 3-70 所示。

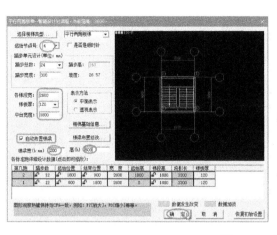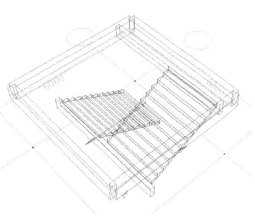

图 3-69　布置楼梯

**09** 在【竖向布置】面板中单击【设标准层】|【加标准层】按钮，在弹出的【选择/添加标准层】对话框中选择【添加新标准层】信息，然后按照【全部复制】分方式，依次复制出 6 个标准层。

**10** 单击【楼层设置】按钮，在弹出的【楼层组装】对话框中设置【层高】为3600，将 6 个标准层依次单击【添加】按钮添加到右侧的组装结果列表中，再单击【确定】按钮完成楼梯的组装，如图 3-71 所示。

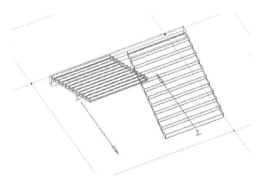

图 3-70　删除主梁和梯梁　　　　　　　　　　图 3-71　楼层组装

**提示：**

在【楼层组装】对话框中不要使用复制层数的方式来创建楼层组装，必须与前面的结构建模中楼层组装方式完全相同，否则不能正确进行结果分析。

### 3.3.3 数据分析与计算

数据分析与计算的具体操作步骤如下所述。

**01** 在【数据校核】面板中单击【检查数据】按钮，将会自动检查楼梯数据，查看有没有设计错误。

**02** 单击【钢筋校验】按钮，进入钢筋校核模式。在图形区中可以看到两跑楼梯的梯板受力和弯矩图，如图 3-72 所示。

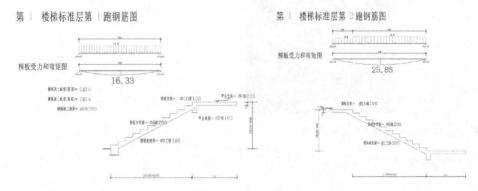

图 3-72　两跑楼梯的梯板受力和弯矩图

**03** 如果不修改钢筋设置的话，可单击【画钢筋表】按钮生成楼梯钢筋表，如图 3-73 所示。单击【计算书】按钮，可生成计算书，如图 3-74 所示。

图 3-73　生成楼梯钢筋表　　　　　　　图 3-74　生成计算书

**04** 单击【施工图】按钮，可生成楼梯施工图，如图 3-75 所示。

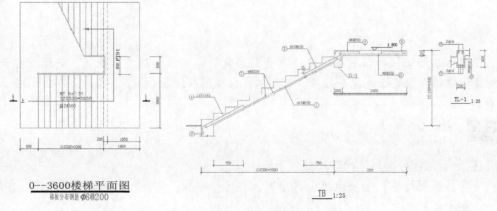

图 3-75　生成施工图

**05** 保存楼梯数据文件，重新在专业模块列表中选择【结构建模】模块，返回到结构建模环境中，至此完成了本项目中的楼梯设计与分析。

## 3.4 JCCAD 基础设计与分析

本工程项目的基础为柱下独立基础，基础之上有地梁。地基承载力特征值为250kPa。基础采用 C25 钢筋混凝土，地梁和承台为 C30 钢筋混凝土，垫层为 C10。

### 3.4.1 地下基础建模

地下基础建模的具体操作步骤如下所述。

**01** 继续前面的项目。在功能区单击【基础】选项卡，并在弹出的菜单中选择【基础模型】命令，进入到基础模型设计环境中，图形区中会自动显示结构建模中的轴网和柱布置图，如图 3-76 所示。

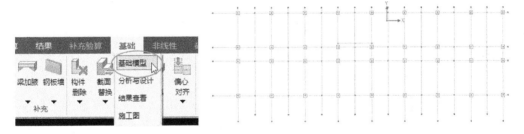

图 3-76 进入基础模型环境

**02** 在【参数】面板中单击【参数】按钮，在弹出的【分析和设计参数补充定义】对话框的【总信息】页面中设置相关参数，如图 3-77 所示。

**03** 在【地基承载力】页面中设置相关参数，如图 3-78 所示。

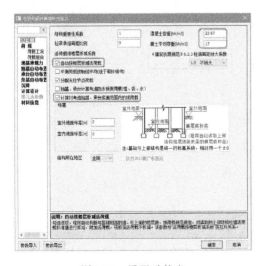

图 3-77 设置总信息

图 3-78 设置地基承载力

**04** 在【独基自动布置】页面设置独基类型及相关参数，如图 3-79 所示。

**05** 在【材料信息】页面设置构件类型及相关参数，如图 3-80 所示。单击【确定】按钮完成设置。

图 3-79　设置独基参数　　　　　　　　　图 3-80　设置材料信息

**06** 在【工具】面板中单击【导入 DWG 图】按钮，将本例源文件夹中的"基础平面布置图.dwg"文件打开，在弹出的【导入 DWG 图】控制面板中选择【独基】选项，在下方显示的【独基】选项卡中设置基础类型与参数，如图 3-81 所示。

**07** 在图纸中选择基础图形的一条边线，所有基础图形被自动选中，右击将自动识别图形。在【导入 DWG 图】控制面板中单击【选择基准点】按钮，在图纸中选取 A 轴和 1 轴的交点作为插入到模型的基准点，如图 3-82 所示。

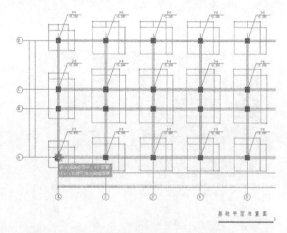

图 3-81　设置独基参数　　　　　　　　　图 3-82　设置基准点

**08** 在【导入 DWG 图】控制面板中单击【导入】按钮，将识别的图形放置到模型中，并与轴网中左下角的轴线交点对齐，随后自动创建独立基础模型，如图 3-83 所示。

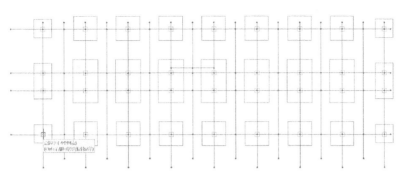

图 3-83  导入图形到模型中

**09** 在【地基梁】面板中单击【布置】按钮，将会弹出【基础构件定义管理】控制面板和【布置参数】对话框。在其中单击【添加】按钮，在弹出的【基础梁定义】对话框中定义地基梁的参数，如图 3-84 所示。

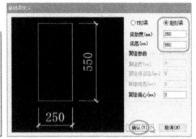

图 3-84  添加并定义基础梁截面

**10** 在【布置参数】对话框中设置【基底标高】值为 −0.950，然后在图形区中选取轴线来布置基础梁，结果如图 3-85 所示。

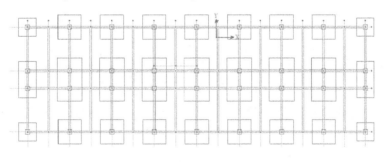

图 3-85  布置基础梁

**3.4.2** 分析、设计与结果查看

分析、设计与结果查看的具体操作步骤如下所述。

**01** 在【分析与设计】选项卡中单击【生成数据＋计算设计】按钮▶，完成数据生成和结构分析计算。

**02** 生成数据及完成计算后，可到【结果查看】选项卡中选择相关的查看工具来查看分析结果。比如在【结果查看】选项卡中单击【反力】按钮，可通过【反力查看】控制面板中显示的相关信息来查看基础的反力作用，如图3-86所示。

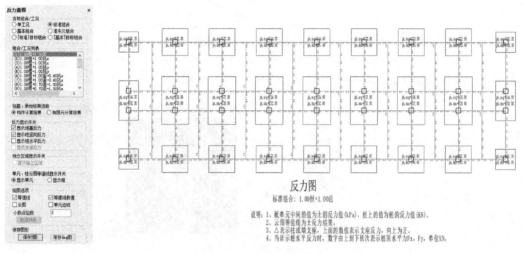

图3-86　查看反力结果

**03** 通过单击【构件信息】【设计简图】【文本查看】等按钮，可生成相关的数据文本，供设计师阅读。

**04** 单击【计算书】按钮，自动生成独基的计算书，如图3-87所示。

**05** 单击【工程量统计】按钮，在弹出的【工程量统计设置】对话框中勾选【独基】和【地基梁】复选框并单击【确定】按钮，完成工程量的统计并输出文本，如图3-88所示。

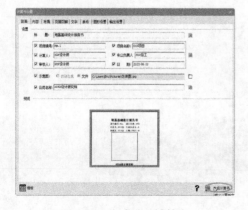

图3-87　生成独基计算书

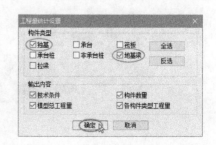

图3-88　工程量统计

> **提示:**
>
> 所有的文本输出将自动输出到用户定义的工作目录中。

**06** 至此，完成了本工程项目的所有建模和结构分析工作，最后将结果文件保存。

### 3.4.3 创建基础平面布置图

基础平面布置图的创建内容较少，还要进行尺寸标注、添加图框、修改图名等设置，具体操作步骤如下所述。

**01** 切换到【施工图】选项卡，图形区显示的是没有任何标注信息及图框的基础平面图，如图 3-89 所示。

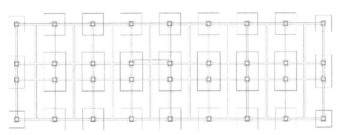

图 3-89　基础平面图

**02** 在【施工图】选项卡的【标注】面板中单击【轴线】|【自动标注】按钮 ▦ ，在弹出的【自动标注轴线参数】对话框中勾选相关复选框后单击【确定】按钮，将会自动创建标注，如图 3-90 所示。

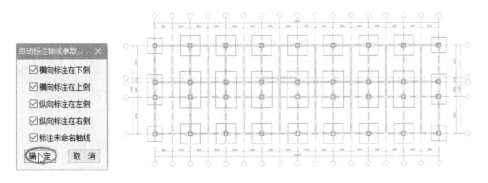

图 3-90　自动标注尺寸

**03** 在【标注】面板中单击【尺寸】|【独基尺寸】按钮 ，随后弹出【布置参数】对话框。在该对话框中选中【右上角】单选按钮，然后在图形区中依次选取要标注的独立基础，自动完成独立基础的尺寸标注，如图 3-91 所示。

**04** 在【其他】面板中单击【绘图工具】|【绘制图框】按钮 ，按 Tab 键在弹出的【图框设定】对话框中设置图框参数后单击【确认】按钮，将图框放置在图形区中，如图 3-92 所示。

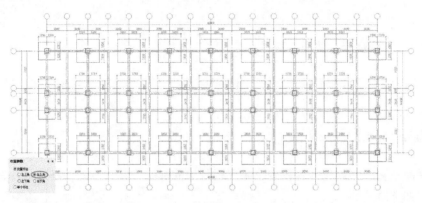

图 3-91　标注独立基础尺寸

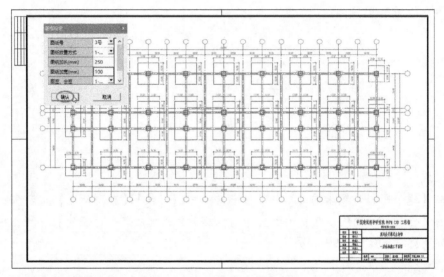

图 3-92　添加图框

**05** 在【标注】面板中单击【编号】|【独基编号】按钮，在随后弹出的【请选择】对话框中单击【自动标注】按钮，自动完成所有独立基础的编号，如图 3-93 所示。

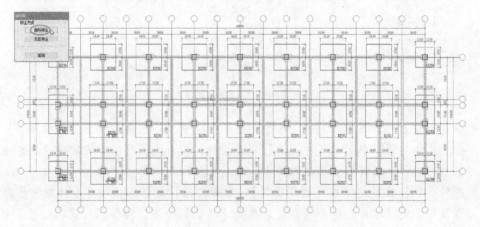

图 3-93　为独立基础编号

**06** 在【其他】面板中单击【绘图工具】|【标注图名】按钮，在弹出的【注图名】对话框中设置图名及其他参数，单击【确定】按钮将图名放置在基础平面图的下方，如图 3-94 所示。

## 基础施工图 ___ 1:100
(本层板顶结构标高为-2.35)

图 3-94  标注图名

**07** 在快速访问工具栏中单击【存为 T 图并转 DWG】按钮，将基础施工图导出为dwg 格式的文件，如图 3-95 所示。

图 3-95  导出 dwg 图纸文件

**08** 毕竟 PKPM 不是专业工程图设计软件，所以结构设计工程师通常是在 PKPM 中生成主要的标准层结构平面图、梁平法/柱平法平面图、板配筋图、柱配筋图、楼梯大样图后，导出 dwg 文件再到 AutoCAD 软件中完善相关的结构施工图。

**09** 至此，完成了本工程项目的结构设计、分析及施工图的创建。

# 第4章 基于 PMASP 核心的结构分析案例

**【本章导读】**

PMASP 是 PKPM 结构设计软件中专用于高层或超高层建筑结构分析的模块。总体上来说，PMSAP 的分析操作流程与 SATWE 的分析操作流程是类似的，本章将用一个超高层（18层）建筑项目的结构分析案例来详解 PMSAP 功能应用及分析操作流程。

## 4.1 建筑结构设计总说明

本工程项目位于河南洛阳，是一个依山傍水住宅小区中的某一栋全框架剪力墙结构的建筑项目，环境十分优美。

**1. 工程概况**

本工程实际由三个单元组成，三个单元楼的结构都是相同的，层数也相等，本案例仅介绍其中一个单元的建筑结构设计与分析。本建筑房屋总高度 52.50m，建筑面积 320m²，房屋高宽比为 3.45。本工程场地属Ⅱ类建筑场地。本工程建筑楼层为 21 层，其中地下一层是车库，地上 20 层，1~19 层为标准层，屋面层为楼梯间顶棚层。

**2. 相关设计等级**

相关设计等级如下所述。

- 本工程结构设计使用年限为 50 年。
- 建筑结构的安全等级为二级。耐火等级为二级。
- 工程所在地区抗震设防烈度为 7 度（设计基本地震加速度 0.10g，设计地震分组为第一组），建筑抗震设防类别为丙类。
- 地基基础设计等级为乙级。基础采用筏板基础，以 CFG 桩处理后的复合地基为持力层。
- 本工程采用剪力墙结构，剪力墙抗震等级均为三级。

**3. 设计使用活荷载**（kN/m²）

基本风压 Wo=0.30（50 年一遇），地面粗糙度类别为 B 类。

1）楼屋面均布活荷载标准值如下所述。

- 楼面活荷载：地下层车库为 4.0；消防车道为 20；消防楼梯为 3.5；户内楼梯为 2.0；阳台为 2.5；卧室、客厅、厨房、卫生间、走道为 2.0；电梯机房为 7.0。
- 屋面活荷载：上人屋面为 2.00；不上人屋面为 0.50；屋顶花园为 3.0。

2）施工或检修集中活荷载：1.0kN/m²；楼梯、阳台和上人屋面栏杆顶部水平荷载为 0.5kN/m²。

3）风荷载：基本风压 0.3kN/m²。

**4. 设计采用材料**

设计采用的材料如下所述。

1）钢材、钢板如下所述。

- HPB235 级热轧钢筋，抗拉强度 $210N/m^2$
- HRB335 级热轧钢筋，抗拉强度 $300N/m^2$
- CRB550 级冷轧带肋钢筋，抗拉强度 $360N/m^2$

（注：用于剪力墙、框架梁柱的热轧钢筋的抗拉强度实测值与屈服强度实测值的比值不应小于 1.25，并且钢筋的屈服强度实测值与强度标准值的比值不应大于 1.3）

- 钢筋采用电弧焊时，焊条型号应按《钢筋焊接及验收规程》表 3.0.3 进行选用。
- Q235B 钢板（用于预埋铁件）。

2）混凝土、砌块如下所述。

- 剪力墙、框架柱、梁、现浇板、楼梯为 C30；基础为 C30；基础垫层为 C15；构造柱和过梁为 C20。
- 填充墙砌块：地面以下墙体及女儿墙采用页岩实心砖；其余填充墙应采用页岩空心砖，材料容重≤$10kN/m^3$，强度等级：外墙不低于 MU5，内墙不低于 MU3.5。

3）填充墙砌筑砂浆：地面以下墙体用 M7.5 水泥砂浆砌筑，地面以上墙体用 M5 混合砂浆砌筑。

## 4.2 PMASP 结构建模与分析

在以 PMASP 为核心的集成设计中，采用了与 SATWE 类似的方法从 PMCAD 接力模型到 PMASP 中。PMASP 前处理采用了和 SATWE 一致的前处理模块，相同的几何处理方法，并且全面读取了 SATWE 的特殊构件定义、设计参数、多塔高度调整材料定义等信息，这种新的接力模型方法在模型处理上和 SATWE 有着高度的一致性，两套计算程序有相同的几何模型和参数定义前提，更便于对比计算分析及设计结果。处理模型的方法不同点：PMSAP 读取 PMCAD 的用户定义恒活面荷载，而 SATWE 读取的导荷荷载；PMSAP 读取 PMCAD 的原始偏心信息，而 SATWE 根据偏心定义调整节点坐标。

### 4.2.1 PMCAD 结构建模与 PMASP 分析

本工程是较为复杂的高层框架剪力墙结构，在模型构件建立时，需要注意以下一些问题。

**1. 按结构原型输入**

该是什么构件就输入什么构件。如：符合梁的简化条件的，就按梁输入；符合柱或异形柱条件的，就按柱或异形柱输入；符合剪力墙条件的，就按（带洞）剪力墙输入；没有楼板的房间，要将其板厚改成 0.0mm 或者设置全房间洞。

**2. 轴网输入**

由网格线和节点组成的轴网是 PKPM 系列 CAD 系统交互式数据输入的基础，这种以轴网为基础的输入方式具有构件布置灵活、操作简单、输入效率高等特点。尤其在 PMCAD 或 STS 的数据结构中，每个标准层都具有其独立的轴网。这极大地提高了复杂结构的数据输入效率。对于一个工程，轴网建立的妥当与否，直接影响着数据输入效率。而且，对于高层结构，轴网建立不当还可能会影响 PMSAP 内力分析的效率和精度。

为适应 PMSAP 数据结构和理论模型的特点，建议用户在使用 PMCAD 或 STS 输入高层结构数据时，注意如下事项。

1）尽可能地发挥"分层独立轴网"的特点，删掉各标准层不必要的网格线和节点。

2）充分发挥柱、梁、墙布置可带有任意偏心的特点，尽可能避免近距离的轴线。

上述两点建议主要是为了避免梁、墙被节点切出短梁、短墙。因为梁、墙被不必要的节点打断，在结构分析时会增加许多不必要的自由度，影响分析效率。而且，过多短梁、短墙的存在，也可能会影响分析精度。但是，用户也不应为了输入模型方便，盲目地使用梁墙偏心。当偏心值较大时，应该另设轴线，否则对分析精度也是不利的。

**3. 板-柱结构的输入**

在采用 TAT、TBSA 等软件进行板-柱结构分析时，需将楼板简化为等带梁，这种对楼板的模拟方法与实际工程出入较大。而 PMSAP 软件在进行板-柱结构分析时，考虑了楼板弹性变形，使用弹性楼板单元较真实地模拟了楼板的刚度和变形，不需要将楼板简化为等带梁。

对于板-柱结构，在 PMCAD 交互式建模输入中，在以前需输入等带梁的位置上，布置截面尺寸为 100mm×100mm 的矩形截面虚梁。这里布置虚梁的目的有两点：一是为了 PMSAP 软件在接 PMCAD 前处理过程中能够自动读到楼板的外边界信息；二是为了辅助弹性楼板单元的划分。

**4. 厚板转换层结构的输入**

对于转换厚板，PMSAP 使用中厚板单元模拟其平面外刚度和变形，用平面应力膜模拟其面内刚度和变形。在 PMCAD 的交互式建模输入中，和板-柱结构的输入要求一样，也需要布置 100mm×100mm 的虚梁，并且要充分利用本层柱网和上层柱、墙节点（网格）布置虚梁。

此外，层高的输入需有所改变。将厚板的板厚均分与其相临两层的层高，即取与厚板相邻的两层的层高分别为其净空加上厚板厚度的一半。如图 4-1 所示，第 $i$ 层有厚度为 $B_t$ 的厚板，在 PMCAD 交互式建模输入中，第 $i$ 层的板厚输入值为 $B_t$，层高为 $H_i$，第 $i+1$ 层的层高为 $H_i+1$。

**5. 错层结构的输入**

对于框架错层结构，在 PMCAD 或 STS 建模输入中，可通过指定梁两端节点高，来实现错层梁或斜梁的布置。PMSAP 前处理菜单会自动处理梁柱在不同高度的相交问题。

对于剪力墙错层结构，在 PMCAD 或 STS 建模输入中，结构层的划分原则是"以楼板为界"，底盘错层部分虽然只有两层，但要按三层输入，如图 4-2 所示。

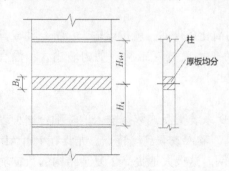

图 4-1 厚板转换层结构层高输入示意图

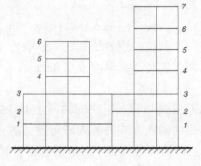

图 4-2 错层结构示意图

下面将利用 PKPM 软件的 PMCAD、PMASP 和 JCCAD 等模块来完成本工程的结构建模和相关的结构力学分析，并输出各类施工图。

**1. PMCAD 结构建模**

本工程的结构建模仍然采用导入方案设计图纸的方式来识别图形并完成模型转换。在 PKPM 中，框架剪力墙结构的剪力墙设计有暗柱，暗柱与剪力墙的受力相同的，也就是这个暗柱不会作为主要的承重柱来承受荷载，只是为了提高延性，所以在接下来的剪力墙布置中，不用另外设置暗柱。

1）标准层建模的具体操作步骤如下所述。

**01** 启动 PKPM 结构设计软件，在主页界面中选择【PMASP 核心的集成设计】模块，专业模块列表中选择【结构建模】，单击【新建/打开】图标，设置工作目录。

**02** 双击新建的工作目录并进入 PMCAD 环境中，输入新工程名为"高层住宅"，单击【确定】按钮完成工程项目的创建，如图 4-3 所示。

**03** 单击【轴网】选项卡的【DWG】面板中的【导入 DWG】按钮进入【DWG 转结构模型】模式。再单击【装载 DWG 图】按钮导入本例源文件夹中的"2 ~ 19 层剪力墙结构平面布置图"图纸文件。

**04** 在【转图设置】控制面板中单击【轴线】项目或者在【选择和识别】面板中单击【轴网】按钮，按信息提示选择图纸中的轴线并右击，完成轴线的识别，如图 4-4 所示。

图 4-3 创建工程项目

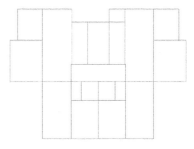

图 4-4 识别轴线

**05** 在【选择和识别】面板中单击【墙】按钮，在图纸中选择一条墙边线并右击完成选择，系统自动识别所有剪力墙图形，如图 4-5 所示。

**06** 单击【装载 DWG 图】按钮导入本例源文件夹中的"2 ~ 19 层梁配筋图 . dwg"图纸文件。在【选择和识别】面板中单击【梁】按钮，在图纸中选择一条梁边线并右击完成选择，系统自动识别所有梁图形，如图 4-6 所示。

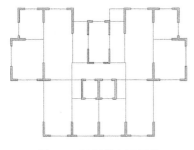

图 4-5 识别剪力墙图形

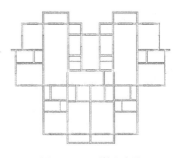

图 4-6 识别梁图形

**07** 单击【柱】按钮，将电梯井旁边的两颗 KZ1 结构柱进行识别。

**08** 在【单层模型】面板中单击【生成模型（单层）】按钮，系统自动创建 PM 模型，然后指定左下角的轴线交点（轴线编号 A 与轴线编号 2 的交点）作为基准点，连续按 Enter 键两次后自动创建轴线、柱、墙及梁模型，如图 4-7 所示。

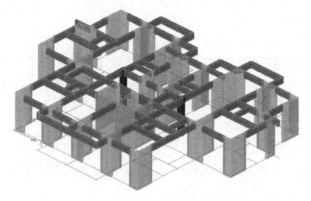

图 4-7　自动创建模型

**09** 将主、次梁的尺寸进行修改。主梁尺寸为 200mm × 500mm，次梁（小跨度的梁）尺寸为 200mm × 400mm，电梯井的主梁为 200mm × 750mm。由于自动识别的主梁尺寸就是 200mm × 500mm，因此不用修改。仅右击房间中的次梁和电梯井的主梁进行修改即可，如图 4-8 所示。

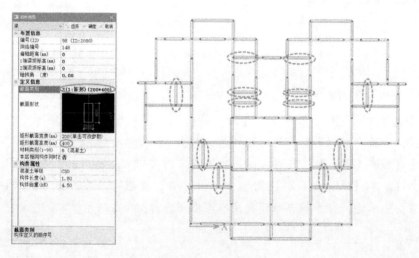

图 4-8　修改梁尺寸

**10** 在【楼板】选项卡中单击【生成楼板】按钮，自动生成楼板，如图 4-9 所示。

**11** 单击【全房间洞】按钮，然后选取两个电梯井的楼板来创建全房间洞，如图 4-10 所示。

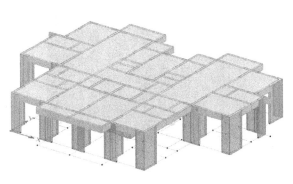

图4-9　自动生成楼板

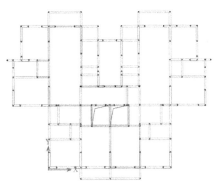

图4-10　创建全房间洞

2）楼梯设计的具体操作步骤如下所述。

**01** 设计标准层的消防楼梯，楼梯的设计图如图 4-11 所示。楼梯间的楼板需要创建板洞，以便放置楼梯构件。板洞大小根据图纸中的楼梯梯段和中间平台的尺寸来决定。图纸中的第一跑梯段总长 2080mm + 平台宽度 1200mm，整个楼梯的开间尺寸为 2400mm，所以板洞的尺寸取这个值就可以。在【楼板】面板中单击【板洞】按钮，在弹出的【板洞布置】控制面板和【板洞布置参数】对话框中单击【增加】按钮。

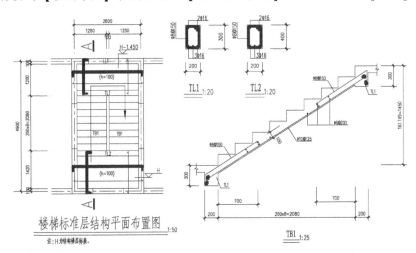

图4-11　楼梯设计示意图

**02** 在弹出的【截面参数】对话框中设置板洞参数，如图 4-12 所示。

**03** 因为板洞的插入点默认为左下角点，所有要想准备放置板洞，还需在【板洞布置参数】对话框中设置【沿轴偏心】的值和【偏轴偏心】的值，如图 4-13 所示。

**04** 返回到【构件】选项卡中单击【本层信息】按钮，然后设置【本标准层层高】为 2900，如图 4-14 所示。

**05** 在【楼板】选项卡的【楼梯】面板中单击【楼梯】|【放置】按钮，在图形区中选取楼梯间后将会弹出【请选择楼梯布置类型】对话框，在其中选择第三种平行两跑楼梯类型即可，如图 4-15 所示。

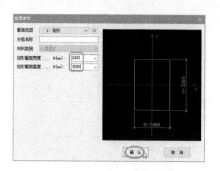

图 4-12  设置板洞截面参数

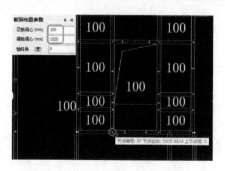

图 4-13  放置板洞

图 4-14  设置标准层层高

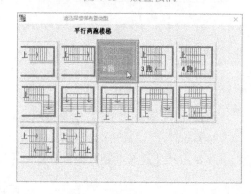

图 4-15  选择楼梯类型

**06** 在弹出的【平行两跑楼梯-智能设计对话框】对话框中设置楼梯参数，并单击【确定】按钮确认参数，如图 4-15 所示。

💿提示：

在 PMCAD 中设计楼梯需要注意的是，楼梯的布置是按照所选的房间来放置的，而不是参照创建的房间洞来放置的，也就是按照楼梯间的墙体轴线来布置，所以在输入【各梯段宽】尺寸和【平台宽度】尺寸时要相应增加墙体宽度，如图 4-16 所示。如果按照图 4-17 所示中的参数来放置楼梯，就出现楼梯设计不符要求的问题。

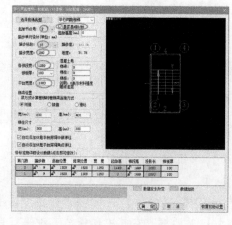

图 4-16  实际的楼梯参数输入

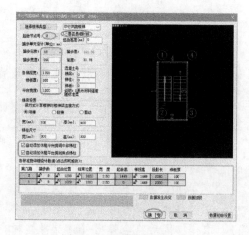

图 4-17  理想的楼梯参数

**07** 图 4-18 所示为实际输入尺寸（正确）和理想尺寸输入（有问题）的楼梯对比。

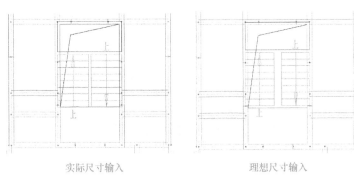

实际尺寸输入 理想尺寸输入

图 4-18 实际输入与理想输入的楼梯对比

**08** 为楼梯添加三条梁。在【构件】选项卡中单击【梁】按钮，在弹出的【梁布置】
控制面板中新增 200mm × 300mm 的矩形梁，梁布置参数设置梁顶标高，然后将新增
的矩形梁放置到如图 4-19 所示的位置。

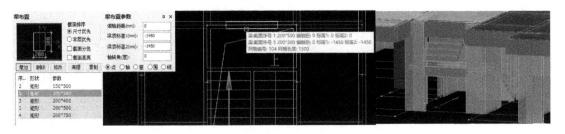

图 4-19 放置梁构件

**09** 在【轴网】选项卡中单击【两点直线】按钮，添加两条轴线，如图 4-20 所示。

**10** 再将 200mm × 300mm 的矩形梁放置于楼梯平台上，选取绘制的轴线即可，如图 4-21
所示。

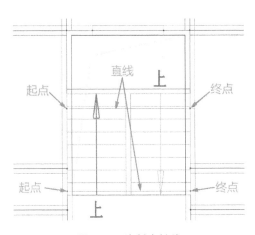

图 4-20 绘制直轴线

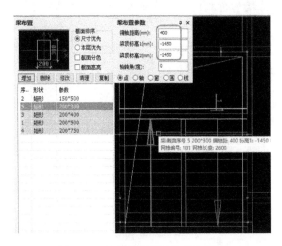

图 4-21 放置楼梯平台上的矩形梁

**11** 将现成的 200mm × 400mm 的矩形梁放置在下行楼梯一侧，如图 4-22 所示。

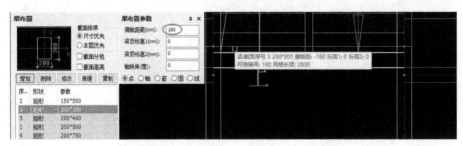

图 4-22　放置 200mm × 400mm 的矩形梁

3）屋面层结构建模的具体操作步骤如下所述。

**01** 在【楼层】选项卡的【标准层】面板中单击【增加】按钮 ，在弹出的【请选择需要复制的标准层】对话框中选中【只复制网格】单选按钮和【普通标准层】单选按钮后单击【确定】按钮，将第 1 标准层中的轴线网格复制到第 2 标准层中，如图 4-23 所示。此时系统自动进入第 2 标准层进行操作，也就是说接下来的任何操作会自动归入到标准层 2 中。

🔘 提示: ┄┄┄┄┄┄┄┄┄┄┄┄┄┄┄┄┄┄┄┄┄┄┄┄┄┄┄┄┄┄┄┄┄┄┄┄┄┄┄┄┄┄┄┄┄┄

　要想返回到第 1 标准层中工作，则在功能区右侧的标准层列表中选择【第 1 标准层】即可。同理，通过在此标准层列表中选择任何标准层，就会自动进入该层中工作。

**02** 在【轴网】选项卡中单击【导入 DWG】按钮 进入【DWG 转结构模型】模式，利用【装载 DWG 图】工具载入本例源文件中的"屋面层梁配筋图 . dwg"图纸文件，然后识别出该图中的剪力墙图形，如图 4-24 所示。

🔘 提示: ┄┄┄┄┄┄┄┄┄┄┄┄┄┄┄┄┄┄┄┄┄┄┄┄┄┄┄┄┄┄┄┄┄┄┄┄┄┄┄┄┄┄┄┄┄┄

　屋面结构中，楼梯间和电梯井梁下为结构柱，也可以单独识别柱图形。这里的柱和剪力墙的荷载计算方法是相同的，所以也可以一起识别为墙。因为标准层的暗柱都是合并在剪力墙中。

图 4-23　复制标准层

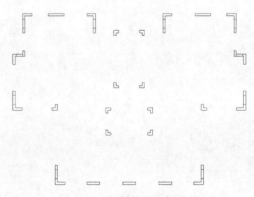

图 4-24　复制的所有标准层

**03**　识别该图中的轴网和结构梁图形，如图 4-25 所示。

**04**　单击【生成模型（单层）】按钮 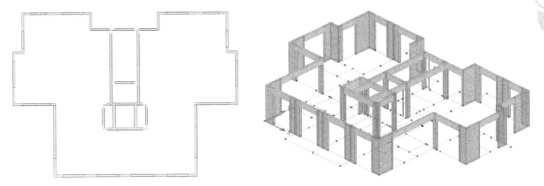，选取一个插入基准点（左下角的轴线交点），然后将其插入模型环境中，与之前复制的轴网进行对齐，操作后的结果如图 4-26 所示。

图 4-25　识别轴网和梁图形　　　　　　图 4-26　转换模型

**05**　在【楼板】选项卡中单击【生成楼板】按钮 ，自动创建楼板。单击【全房间洞】按钮 ，除了中间楼梯间和两个电梯井需要楼板外，其余房间的楼板创建全房间洞，如图 4-27 所示。

**2. 施加荷载**

本案住宅楼的活荷载除了楼板荷载、梁荷载，还有剪力墙荷载外在 4.1 节的 "1. 工程概况" 中已大致列出。

1）为第 1 标准层施加载荷的具体操作步骤如下所述。

**01**　在功能区右侧的标准层列表中选择【第 1 标准层】以激活该标准层。

**02**　在【荷载】选项卡的【总信息】面板中单击【恒活设置】按钮 ，在弹出的【楼面荷载定义】对话框中设置楼面恒载标准值为 4，楼面活荷载值为 2，如图 4-28 所示。

图 4-27　创建全房间洞的结果　　　　　图 4-28　楼面荷载定义

**提示:**

创建全房间洞时，若发现不能按照要求来创建房间洞，要仔细查看轴网中是否有多余的节点，如果有请使用【轴网】选项卡的【网点】面板中的【删除节点】工具进行删除。如图 4-29 所示。删除多余节点后，还要重新生成楼板。

**03** 单击【荷载显示】按钮，在弹出的【荷载显示设置】对话框中勾选所有荷载显示复选框。系统自动为整层楼板施加恒活载荷，并将值显示在各房间板面上，如图 4-30 所示。

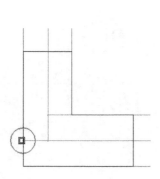

图 4-29　删除多余节点

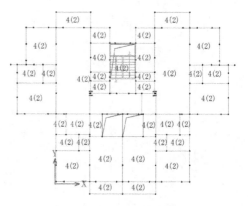

图 4-30　显示恒活荷载值

**04** 根据前面提供的活荷载值，需要在【恒载】面板中单击【板】按钮，选取部分板面修改其恒荷载值，如图 4-31 所示。

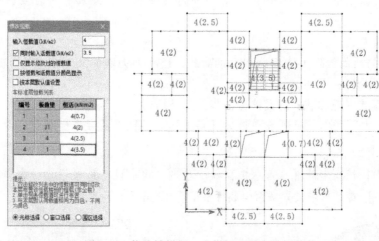

图 4-31　修改楼梯间、电梯间和阳台的恒荷载

**05** 本工程的梁分主梁和次梁，系统会自动计算它们的自重荷载，梁上有非承重的砌体（实际上有些房间的梁不设非承重墙，为了统一，均设非承重墙）。在【恒载】面板中单击【梁】按钮，接着在弹出的【梁：恒载布置】控制面板中单击【增加】按钮，在【添加：梁荷载】对话框设置非承重墙的容重并计算出恒载值为 9.512kN/m，如图 4-32 所示。

**06** 在图形区中选取所有梁来施加恒荷载，结果如图 4-33 所示。

**07** 结构梁的活荷载来自于楼板的板传荷载，系统会自动计算并传导给梁，所以不用自行添加梁的活荷载。

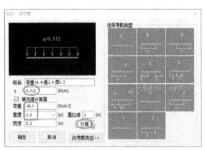

图 4-32　定义主梁恒荷载参数

**08** 剪力墙的恒荷载主要自重荷载，这里不用用户自行添加荷载，系统会自动计算并将荷载传导给柱和梁。

2）为第 2 标准层施加载荷的具体操作步骤如下所述。

**01** 在功能区右侧的标准层列表中选择【第 2 标准层】以激活该标准层。

**02** 在【荷载】选项卡的【总信息】面板中单击【恒活设置】按钮，在弹出的【楼面荷载定义】对话框中设置楼面恒载标准值为 4，楼面活荷载值为 0.5，如图 4-34 所示。

**03** 其他如结构柱、剪力墙与结构梁的荷载均为自重加板传荷载，屋面楼板系统会自动将计算的荷载传导给柱、墙和梁，所以不用再添加任何恒载与活荷载。

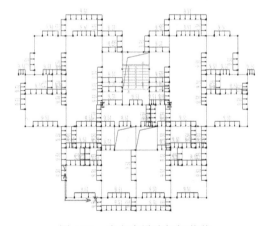

图 4-33　为主次梁施加恒荷载

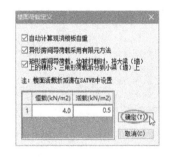

图 4-34　楼面荷载定

**3. 组装楼层**

组装楼层的具体操作步骤如下所述。

**01** 在【楼层】选项卡的【组装】面板中单击【设计参数】按钮，在弹出的【楼层组装-设计参数】对话框的【总信息】选项卡中设置钢筋的砼（混凝土的意思）保护层厚度值及相关参数值，如图 4-35 所示。

**02** 在【材料信息】选项卡中设置【混凝土容重】和【砌体容重】等参数，如图 4-36 所示。

图 4-35　设置混凝土保护层　　　　　　　图 4-36　设置容重

⬤提示:

混凝土容重可通过第3章（第68页）中的表3-2查得。

**03** 在【地震信息】选项卡中设置地震信息相关参数，如图4-37所示。

**04** 在【风荷载信息】选项卡中设置风压、地面粗糙度类别等信息参数，如图4-38所示。最后单击【确定】按钮完成设计参数的设置。

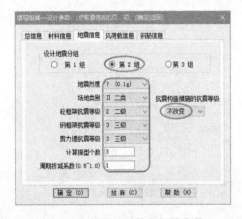

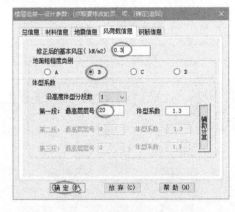

图 4-37　设置地震信息相关参数　　　　　图 4-38　设置风荷载信息相关参数

**05** 在【组装】面板中单击【全楼信息】按钮，在弹出的【全楼各标准层层信息】对话框的【板保护层（mm）】参数为20，如图4-39所示。

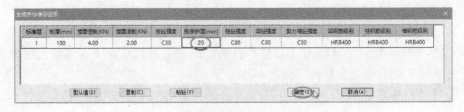

图 4-39　修改板保护层厚度

**06** 在【楼层】选项卡的【组装】面板中单击【楼层组装】按钮，弹出【楼层组装】对话框。首先修改第1标准层的层高为2900，在【复制层数】列中选择层数字为19，单击【增加】按钮将其添加到右侧的【组装结果】列表中，最后修改层号为1的层名为"地上1层"，如图4-40所示。

**07** 在【标准层】列中选择【第2标准层】，修改其层高为4400，再单击【增加】按钮，将楼层添加到右侧的【组装结果】列表中，自动成为第20层，最后单击【确定】按钮完成楼层的组装，如图4-41所示。

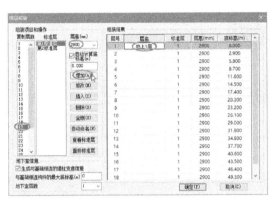

图 4-40　修改层高

图 4-41　复制楼层并完成组装

**提示：**

一定要确保【楼层组装】对话框底部的【生成与基础相连的墙柱支座信息】复选框是勾选的，这将有助于在接下来的基础设计时直接接力地上层的数据来创建基础数据。

**08** 在功能区的右侧单击【整楼】按钮，可看到组装的楼层效果，如图4-42所示。

**09** 在【轴网】选项卡的【网点】面板中单击【节点下传】按钮，在弹出的【请选择】对话框中单击【自动下传】按钮完成节点下传，如图4-43所示。

**10** 至此完成了建筑上部结构的设计。

图 4-42　查看楼层组装效果

图 4-43　节点下传

**4. PMASP 结构分析**

PMASP 结构分析的具体操作步骤如下所述。

**01** 在功能区中切换至【前处理及计算】选项卡，在弹出的【保存提示】对话框中单击【保存】按钮保存模型。随后在弹出的【请选择】对话框中勾选所有复选框，单击【确定】按钮后系统会自动进行结构分析，如图 4-44 所示。

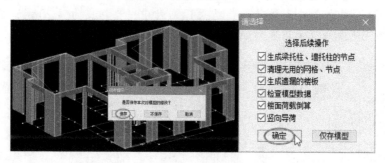

图 4-44 保存模型并选择要生成的数据类型

**02** 系统弹出模型数据检查的结果，如图 4-45 所示。显示第 2 标准层中有两根柱是悬空的，这需要为这两根悬空柱增加一个支座。在【楼层】选项卡的【支座】面板中单击【布置】按钮，在弹出的【调整支座信息】对话框中为悬空柱增加支座如图 4-46 所示。在【楼层】选项卡的【查询】面板中单击【模型检查】按钮，系统重新执行数据检查并弹出【提示】对话框，显示未发现任何异常。

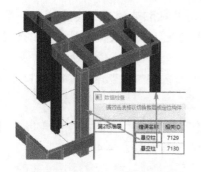

图 4-45 模型数据的检查结果

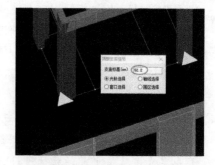

图 4-46 为悬空柱增加支座

**03** 切换至【前处理】选项卡，补充荷载及其他特殊构件，如图 4-47 所示。

图 4-47 【前处理】选项卡

**04** 若不再补充荷载及其他特殊构件时，切换到【计算】选项卡后在弹出的【生成模型】对话框中选中【全新模型】单选按钮，再单击【确定】按钮可重新生成数据模型，如图 4-48 所示。

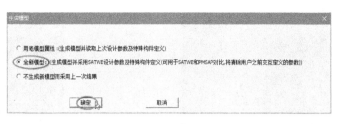

图 4-48 重新生成数据模型

**05** 单击【生成数据+计算（64）】按钮▶，完成自动分析。

提示：

　　如果您的计算机系统为 32 位系统，单击【生成数据+计算】按钮即可，若是安装的系统为 64 位，就请单击【生成数据+计算（64）】按钮。PMASP 模块需要单独授权，否则不能进行计算。如果所安装的 PKPM 软件中 PMASP 模块没有解锁，那么可保存文件退出，然后进入 SATWE 核心的集成设计模块中进行 SATWE 分析，SATWE 的分析结果可以作为 PMASP 分析的补充。值得注意的是，本案 21 层建筑结构完全可以用 SATWE 进行分析，其结果与 PMASP 是相差无几的。

**06** 图 4-49 所示的配筋分析结果就是用 SATWE 进行分析计算的结果。

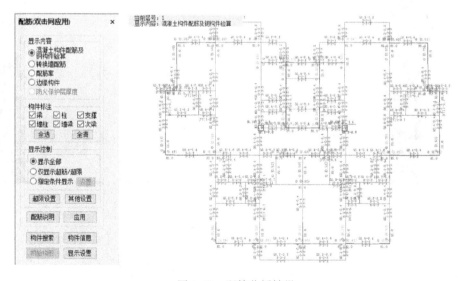

图 4-49 配筋分析结果

**07** 在【分析结果】面板中单击【振型】按钮，将会弹出【振型（双击同应用）】控制面板。图 4-50 所示为应用应变能的变形效果。

**08** 图 4-51 所示为在地震作用下建筑位移的情况。

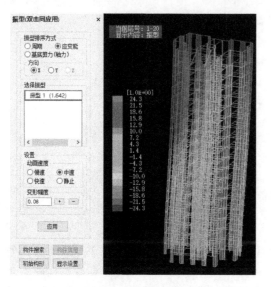
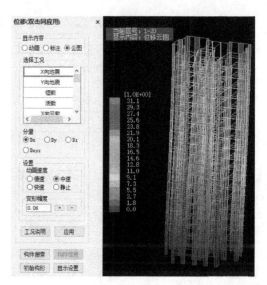

图 4-50 动态查看振动幅度         图 4-51 地震位移

**09** 在【文本结果】面板中单击【文本及计算书】按钮，系统自动生成计算书，如图 4-52 所示。

图 4-52 自动创建计算书并导出

**10** 在图形区的右上角单击【计算书设置】按钮，在弹出的【计算书设置】对话框中设置文本信息，如图 4-53 所示。最后单击【输出 Word】按钮，将计算书导出为 Word 文本。

**11** 在【文本结果】面板中单击【工程量统计】按钮，在弹出的【工程量统计计算书】对话框中勾选要输出内容的复选框，单击【生成计算书】按钮，自动创建工程量统计计算书，如图 4-54 所示。

**12** 至此完成了本工程的上部结构设计与 PMASP 结构分析，最后保存数据结果。

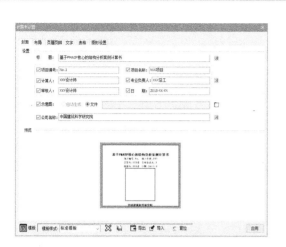

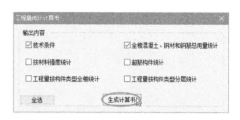

图 4-53　计算书设置　　　　　　　图 4-54　创建工程量统计计算书

### 4.2.2 JCCAD 基础设计与分析

本工程项目的基础采用筏板基础，以 CFG 桩处理后的复合地基为持力层。CFG 桩以含黏性土卵石层为持力层，桩端进入持力层深≥500mm，处理深度为基底下 7m 左右，要求处理后的复合地基承载力特征值 fak≥300kPa，压缩模量 Es≥15MPa。复合地基承载力特征值应通过载荷试验确定。

筏板为 C30 钢筋砼，垫层为 C15。CFG 桩桩顶与筏基间应铺设 300mm 厚的级配砂石褥垫层，级配砂石最大粒径≤30mm。

#### 1. 地下基础建模

整个地下基础的构件包括桩、筏板、地下层剪力墙及拉梁，具体操作步骤如下所述。

**01** 继续前面的项目。在功能区单击【基础】选项卡，在弹出的菜单中选择【基础模型】命令，在弹出的【请选择】对话框中勾选后续操作相关的复选框，单击【确定】按钮进入基础模型设计环境中，如图 4-55 所示。

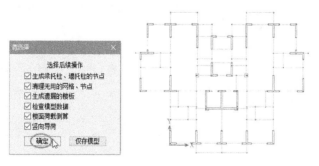

图 4-55　进入基础模型环境

**02** 在【参数】面板中单击【参数】按钮，在弹出的【分析和设计参数补充定义】对话框的【总信息】页面中设置相关参数，如图 4-56 所示。

**03** 在【地基承载力】页面中设置相关参数，如图 4-57 所示。

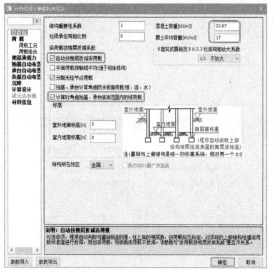

图 4-56　设置总信息

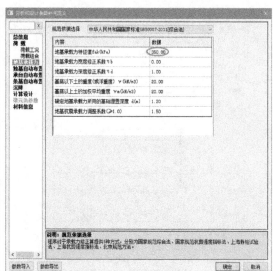

图 4-57　设置地基承载力

**04** 在【计算设计】页面设置计算模型及相关参数，如图 4-58 所示。

**05** 在【材料信息】页面设置构件类型及相关参数，如图 4-59 所示。单击【确定】按钮完成设置。

图 4-58　设置计算模型参数

图 4-59　设置材料信息

**06** 在【工具】面板中单击【导入 DWG 图】按钮🗔，将本例源文件夹中的"基础平面布置图.dwg"文件打开。在弹出的【导入 DWG 图】控制面板中选择【筏板】选项，在下方显示的【筏板】选项卡中设置基础类型与参数，如图 4-60 所示。

**07** 在图纸中选择筏板图形的一条边线，所有筏板图形被自动选中，右击将自动识别图形。在【导入 DWG 图】控制面板中单击【选择基准点】按钮，在图纸中选取 A 轴和 3 轴的交点作为插入到模型的基准点。在【导入 DWG 图】控制面板中单击【导入】按钮,将识别的图形放置到模型中,并与轴网左下角的轴线交点对齐,随后自动创建筏板及筏板到一层的所有构件模型,如图 4-61 所示。

> **提示:**
>
> 如果屋面顶层的结构柱有导出数据到基础中,生成筏板时会自动产生从筏板到顶层的柱,此时可返回到上部结构中将顶层的那颗柱暂时删除,这并不影响基础的分析。

图 4-60　设置筏板参数

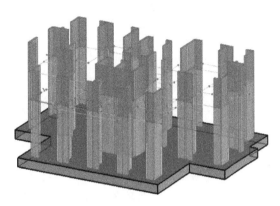

图 4-61　自动创建基础构件

**08** 筏板下有 CFG(CFG 就是水泥粉煤灰碎石桩,由碎石、石屑、砂、粉煤灰掺水泥加水拌和而成)桩。

**09** 在【桩】面板单击【群桩】|【群桩布置】按钮,在弹出的【群桩输入】对话框中设置相关参数,单击【确定】按钮后在图形区中布置桩,如图 4-62 所示。在【构件编辑】面板中单击【删除】按钮,将筏板外的桩删除(框选桩再右击即可删除)。

> **提示:**
>
> 对于复合地基工程,也可以不设置复合地基桩,直接按处理地基计算。

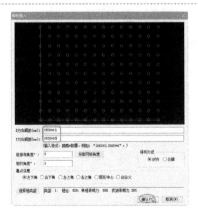

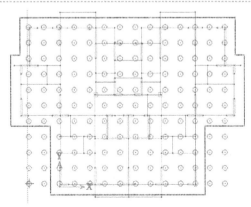

图 4-62　布置群桩

**10** 布置的桩基效果图如图4-63所示。在【复合地基】面板中单击【复合地基】|【布置】按钮，在弹出的【布置复合地基】对话框中设置复合地基参数，然后选择筏板构件，自动创建复合地基，如图4-64所示。

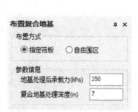

图4-63 桩基效果　　　　　　　　　　　图4-64 布置复合地基

**2. 分析、设计与结果查看**

分析、设计与结果查看的具体操作步骤如下所述。

**01** 在【分析与设计】选项卡中单击【生成数据+计算设计】按钮▶，完成数据生成和结构分析计算。

**02** 在【结果查看】选项卡中单击【反力】按钮，可通过【反力查看】控制面板中显示的相关信息来查看基础的反力作用，如图4-65所示。

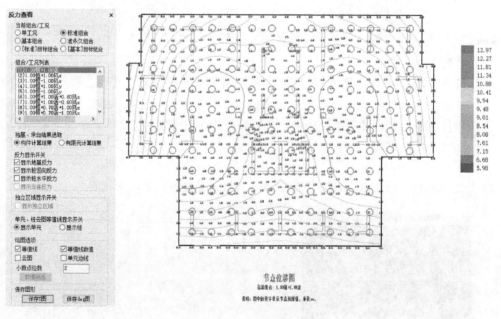

图4-65 查看反力结果

**03** 通过单击【构件信息】【设计简图】【文本查看】等按钮，可生成相关的数据文本，供设计师阅读。

**04** 单击【计算书】按钮，自动生成独基的计算书，如图4-66所示。

**05** 单击【工程量统计】按钮，在弹出的【工程量统计设置】对话框中勾选【独基】和【地基梁】等相关复选框并单击【确定】按钮，完成工程量的统计并输出文本，如图 4-67 所示。

> 提示：
>
> 所有的文本输出将自动输出到用户定义的工作目录中。

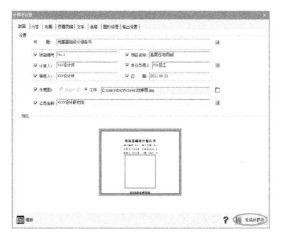

图 4-66　生成独基计算书

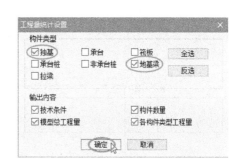

图 4-67　工程量统计

**06** 至此，完成了本工程项目的所有建模和 **PMASP** 结构分析工作，最后将结果文件保存。

## 4.3　在 PMCAD 中创建施工图图纸

在 PKPM 的 PMCAD 模块中可快速绘制卫生间、楼梯间等构件大样图或者柱、梁及板平法施工图。鉴于文章篇幅的限制，下面仅介绍梁平法施工图和基础平面布置图的绘制。其他图纸可参照这两个施工图来创建。

### 1. 创建顶层的梁配筋施工图

创建顶层的梁配筋施工图的具体操作步骤如下所述。

**01** 在功能区右侧的标准层列表中选择【第 2 标准层】选项，然后在功能区单击【砼施工图】选项卡，切换到砼施工图设计模式。

**02** 进入砼施工图设计模式后，在图形区中会自动显示关于梁和柱的结构平面布置图，如图 4-68 所示。

**03** 单击【图表】|【图框】按钮，接着按键盘 Tab 键弹出【图框设定】对话框。在该对话框中选择图纸号为【3 号】，单击【确认】按钮在图形区中放置图框，如图 4-69 所示。

**04** 在【标注】面板中单击【轴线】|【自动】按钮，在弹出的【轴线标注】对话框中勾选相应的复选框后单击【确定】按钮，自动完成轴线的标注，如图 4-70 所示。

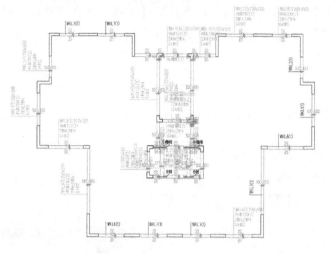

图 4-68　结构平面布置示意图

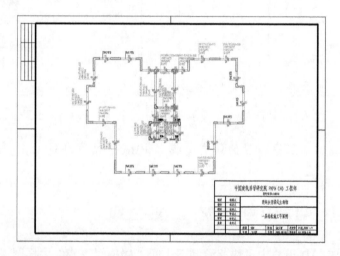

图 4-69　放置图框

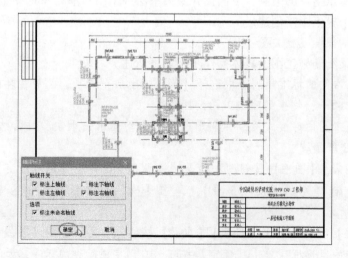

图 4-70　自动标注轴线

**05** 在【设置】面板中单击【图表】|【图名】按钮，在弹出的【注图名】对话框中输入图名信息，单击【确定】按钮后将图名放置于平面图的下方，如图4-71所示。

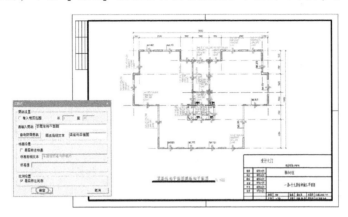

图4-71 设置图名

**06** 在【设置】面板中单击【图表】|【修改图签】按钮，在弹出的【修改图签内容】对话框中输入图签的信息，单击【更新图签】按钮后自动完成图签的修改，如图4-72所示。

图4-72 修改图签内容

**07** 切换到【梁】选项卡。在【钢筋编辑】面板中单击【钢筋修改】|【成批修改】按钮，在图形区中选取一条边跨梁，右击并在弹出的【请编辑需要修改的钢筋】对话框中输入新的钢筋参数，单击【确定】按钮完成批量更改，如图4-73所示。同理完成其余梁的钢筋修改。

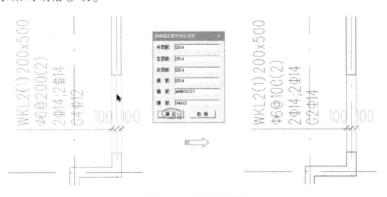

图4-73 修改钢筋

**2. 创建顶层的柱施工图**

创建顶层柱施工图的具体操作步骤如下所述。

**01** 切换到【柱】选项卡，图形区中显示柱平法原位表示的平面图，如图 4-74 所示。

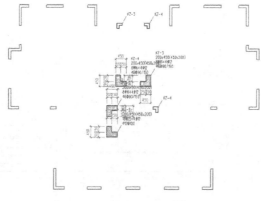

图 4-74　以柱平法表示的平面图

**02** 在【设置】面板的【表示方法】菜单中还有其他几种柱平法表示方法，如图 4-75 所示。

图 4-75　柱平法表示方法

**03** 在【模板】选项卡【设置】面板中单击【图表】|【图框】按钮，接着按键盘 Tab 键弹出【图框设定】对话框。在该对话框中选择图纸号为【3 号】，单击【确认】按钮在图形区中放置图框，如图 4-76 所示。

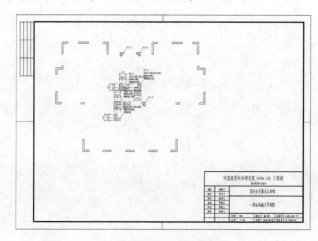

图 4-76　放置图框

**04** 在【标注】面板中单击【轴线】|【自动】按钮，在弹出的【轴线标注】对话框中勾选相应的复选框后单击【确定】按钮，自动完成轴线的标注，如图4-77所示。

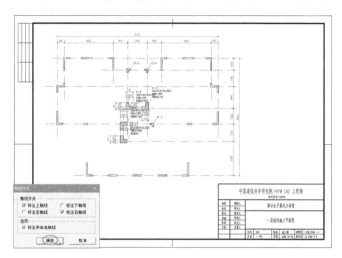

图 4-77　自动标注轴线

**05** 在【设置】面板中单击【图表】|【图名】按钮，在弹出的【注图名】对话框中输入图名信息，单击【确定】按钮后将图名放置于平面图的下方，如图4-78所示。

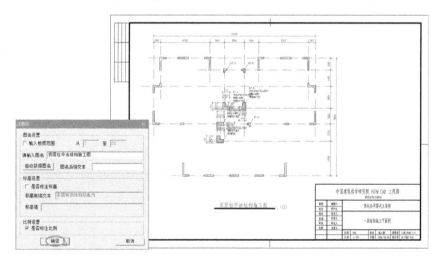

图 4-78　设置图名

**06** 在【设置】面板中单击【图表】|【修改图签】按钮，在弹出的【修改图签内容】对话框中输入图签的信息，单击【更新图签】按钮后自动完成图签的修改，如图4-79所示。

**07** 在功能区选项卡的顶部为快速访问工具栏，在快速访问工具栏单击【保存到 T 和 DWG】按钮，在弹出的【请选择需要转换的 T 图】对话框中输入施工图的名称"顶层结构平面施工图"，单击【保存】按钮完成施工图图纸文件的创建，如图4-80所示。

图 4-79　修改图签内容

图 4-80　创建施工图图纸文件

**08** 第 1～19 层的标准层结构平面图的创建过程与顶层结构平面图的操作流程是完全相同的，这里不再赘述。

**3. 创建基础平面施工图**

创建基础平面施工图的具体操作步骤如下所述。

**01** 在功能区中单击【基础】选项卡进入基础设计环境，之后切换到【施工图】选项卡。在【施工图】选项卡中单击【轴线】|【自动标注】按钮，在弹出的【自动标注轴线参数】对话框中勾选相应复选框后单击【确定】按钮，自动创建标注，如图 4-81 所示。

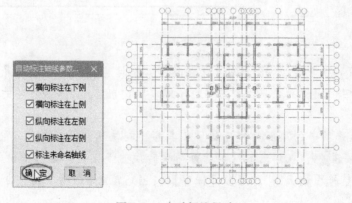

图 4-81　自动标注尺寸

**02**　在【板施工图】面板中单击【筏板钢筋图】按钮，进入筏板钢筋图设计模式。在筏板钢筋设计模式中单击【画计算配筋】按钮，在弹出的【用计算配筋画筏板配筋图】对话框中勾选相应复选框后单击【确定】按钮创建筏板配筋图，如图 4-82 所示。

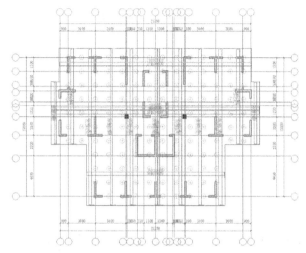

图 4-82　画筏板配筋图

**03**　单击【返回平面图】按钮，返回到平面图设计模式。在【其他】面板中单击【绘图工具】|【绘制图框】按钮，按 Tab 键后选择 3 号图框（图纸加长、加宽 100mm）放置在图形区中，如图 4-83 所示。

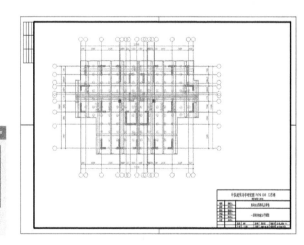

图 4-83　加入的图框

提示：

如果载入的图框尺寸不合适，可在软件窗口的右下角区域单击【删除】按钮将图框删除，然后重新载入新的图框即可。

**04** 在软件窗口顶部的快速访问工具栏中单击【存为 T 图并转 DWG】按钮 ，将基础平面图导出为 dwg 格式的文件，如图 4-84 所示。

图 4-84 导出 dwg 图纸文件

**05** 至此，完成了本工程项目的结构建模、分析与工程图的设计。

# 第5章 QITI 砌体结构设计与分析案例

## 【本章导读】

砌体结构适用于底层建筑，在地震活动较少的地区大多以砌体结构为主。PKPM 中的砌体结构主要包括多层砌体结构（砖结构）、底框-抗震墙结构（砖混结构）和小高层配筋砌块砌体结构等，本章主要介绍 QITI 模块的建模功能和结构分析。

## 5.1 砌体结构设计基础知识

砌体结构是指用烧结砖、石块或砌块为主要的承重结构材料，再以砂浆砌筑的结构。

### 5.1.1 常见砌体结构

以砌体结构为主体的建筑在我国农村地区比较常见，砌体结构多用于低层及多层建筑，如图 5-1 所示。

图 5-1 砌体结构建筑

常见的砖体结构类型包括普通烧结砖、烧结多孔砖、蒸压灰砂砖及蒸压粉煤灰砖，如图 5-2 所示。

普通烧结砖　　　　　烧结多孔砖　　　　　蒸压灰砂砖　　　　　蒸压粉煤灰砖

图 5-2 常见的砖类型

砌体结构的优点如下所述。

● 砌体材料抗压性能好，保温、耐火、耐久性能好；材料经济，就地取材；施工简便，管理、维护方便。

- 砌体结构的应用范围广，可用作住宅、办公楼、学校、旅馆、跨度小于 15m 的中小型厂房的墙体、柱和基础。

砌体结构的缺点如下所述。

- 砌体的抗压强度相对于块材的强度来说较低，抗弯、抗拉强度则更低。
- 蒙古土砖所需土源要占用大片良田，更要耗费大量的能源。
- 自重大，施工劳动强度高，运输损耗大。

常见的砌体结构包括多层砌体结构（砖结构）、底框-抗震墙结构（砖混结构）和小高层配筋砌块砌体结构等。

- 砖结构多用于低层（一层或二层）建筑。
- 砖混结构用于低层或多层建筑。砖混结构包括由板、梁、屋架等构件组成的混合水平承重结构，以及由墙、柱和基础组成的混合竖向承重结构。
- 小高层配筋砌块砌体结构常用于多层或小高层建筑，这种结构是将配置钢筋的砌块砌体作为主要受力结构件，具有和钢筋混凝土剪力墙类似的受力性能。

### 5.1.2 PKPM 的 QITI 结构设计模块

砌体结构辅助设计软件是 PKPM 系列结构设计软件中应用最广泛的功能模块之一。

QITI 模块根据《建筑抗震设计规范》（GB 50011—2010）、《砌体结构设计规范》（GB 50003—2011）、《混凝土小型空心砌块建筑技术规程》（JGJ/T 14—2011）、《底部框架-抗震墙砌体房屋抗震技术规程》（JGJ248—2012）的有关规定编制，并参考了上海市工程建设规范《配筋混凝土小型空心砌块砌体建筑技术规程》（DG/TJ08—2006）、《砌体结构设计手册》《混凝土小型空心砌块墙体结构构造》（05G613）等相关资料。

QITI 模块的部分软件功能与 SATWE、PKPM 施工图软件相同，QITI 砌体结构设计的分模块及相关专业设计模块在 PKPM 主页界面中，如图 5-3 所示。

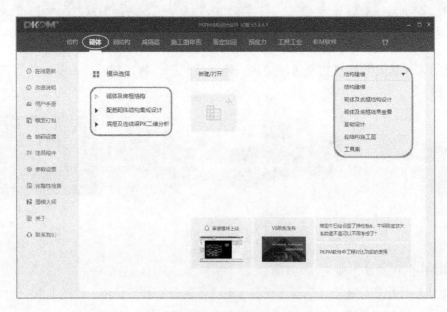

图 5-3　主页界面中的 QITI 砌体结构设计模块选择

砖体结构或者砖混结构的结构设计与分析请选择【砌体及底框结构】模块入口，小高层的配筋砌块、砌体的结构设计选择【配筋砌体结构集成设计】模块入口即可。

QITI砌体结构分析是基于SATWE核心的分析，也就是除了结构建模部分与PMCAD中的结构建模些许不同之外，其余的分析与计算都是相同的。QITI砌体结构设计与分析流程如下所述。

1）输入结构模型及载荷：包括轴网、墙厚、连梁、板厚、构造柱（按柱输入）和设计参数等基本信息。

2）结构楼面布置信息：布置楼板错层、楼板开洞、修改部分板厚和布置圈梁等。

3）楼面荷载传导计算：输入及修改部分荷载、荷载传递计算。

4）砌体结构抗震及其他计算并查看输出结果：包括受压计算、抗震计算和局压计算等结果。

5）画结构平面图：计算楼板配筋。

6）砖混节点大样：在楼板配筋图的基础之上，输出圈梁及构造柱的节点。

7）基础设计与计算。

## 5.2　QITI砖混结构设计与结构分析案例

本工程项目地处陕西省汉中市城固县金华路，为当地某小区的一栋楼。

### 5.2.1　结构设计总说明

本工程为砖混结构，地上7层，1层为戊类储藏（储藏室分甲乙丙丁戊类），2~7层为住宅。总高度为18.650m。设计使用年限50年。

**1. 建筑结构的安全等级**

本工程建筑结构的安全等级为二级，建筑抗震设防类别为丙类，地基基础设计等级为丙级，砖砌体施工质量控制等级为B级。

**2. 自然条件**

自然条件如下所述。

- 基本风压：Wo＝0.30kN/m²。
- 地面粗糙度：B类。
- 基本雪压：So＝0.2kN/m²。
- 抗震设防烈度：6度。
- 设计基本地震加速度：0.05g。
- 设计地震分组：第三组。
- 建筑物场地类别：Ⅱ类。

**3. 本工程设计遵循的规范、规程及标准**

本工程设计遵循的规范、规程及标准如下所述。

- 《建筑结构荷载规范》（GB 50009—2019）
- 《混凝土结构设计规范》（GB 50010—2010）
- 《建筑抗震设计规范》（GB 50011—2010）

- 《建筑地基基础设计规范》（GB 50007—2011）
- 《砌体结构设计规范》（GB 50003—2011）。

**4. 设计采用的均布活荷载标准值**

设计采用的均布活荷载标准值如表5-1所示。

表5-1 均布活荷载标准值

| 部 位 | 活荷载/(kN/m²) | 组合值系数 | 频遇值系数 | 准永久值系数 |
|---|---|---|---|---|
| 不上人屋面 | 0.5 | 0.7 | 0.5 | 0.0 |
| 阳台 | 2.5 | 0.7 | 0.6 | 0.5 |
| 厨房 | 2.5 | 0.7 | 0.6 | 0.5 |
| 楼梯 | 2.5 | 0.7 | 0.5 | 0.4 |
| 卫生间 | 2.5 | 0.7 | 0.6 | 0.5 |

**5. 主要结构材料**

主要结构材料如下所述。

**（1）钢筋**

钢筋的强度标准值应具有不小于95%的保证率。A 为 HPB300 钢筋，B 为 HRB335 钢筋，C 为 HRB400 钢筋。

**（2）混凝土**

结构混凝土材料强度等级如表5-2所示。型钢、钢板和钢管材料为 Q235-B。

表5-2 结构混凝土材料等级

| 项目名称 | 构件部位 | 混凝土等级 | 备 注 |
|---|---|---|---|
| 基础部分 | 混凝土条基/地圈梁 | C25/C25 | |
| 砖混部分 | 梁、板 | C25 | 注明者除外 |
| | 圈梁、构造柱、楼梯 | C25 | |
| | 未注明混凝土构件 | C25 | |
| ——— | ——— | ——— | |
| | ——— | ——— | |

本工程基础部分环境类别按二 b 类考虑，地上部分按一类考虑，各部分结构混凝土应满足耐久性要求（表5-3）。

表5-3 环境类别与结构混凝土耐久性要求

| 环境等级 | | 最大水胶比 | 最低强度等级 | 最大氯离子含量（%） | 最大碱含量/(kg/m²) |
|---|---|---|---|---|---|
| 一 | | 0.60 | C20 | 0.30 | 不限制 |
| 二 | a | 0.55 | C25 | 0.20 | 3.0 |
| | b | 0.50（0.55） | C30（C25） | 0.15 | 3.0 |
| 三 | a | 0.45（0.50） | C35（C30） | 0.15 | 3.0 |
| | b | 0.40 | C40 | 0.10 | 3.0 |

（3）砌体

砌体结构材料及砂浆的强度等级如表5-4所示。砌体结构环境类别如表5-5所示。

表5-4 砌体材料及砂浆的强度等级

| 构件部分 | 砖、砌块强度等级 | 砂浆强度等级 |
|---|---|---|
| -0.030m以下 | MU15.0烧结页岩实心砖（承重） | M10.0水泥砂浆 |
| -0.030m~2.270m | MU15.0烧结页岩实心砖（承重） | M10.0混合砂浆 |
| 2.270m~4.970m | MU15.0烧结页岩多孔砖（承重） | M10.0混合砂浆 |
| 4.970~7.670m | MU10.0烧结页岩多孔砖（承重） | M10.0混合砂浆 |
| 7.670~15.770m | MU10.0烧结页岩多孔砖（承重） | M10.0混合砂浆 |
| 15.770m以上 | MU10.0烧结页岩多孔砖（承重） | M10.0混合砂浆 |

表5-5 砌体结构环境类别

| 环境等级 | 条件 |
|---|---|
| 1 | 正常居住及办公建筑的内部干燥环境 |
| 2 | 潮湿的室内及室外环境，包括与无侵蚀性土和水接触的环境 |
| 3 | 严寒和使用化冰盐的潮湿环境（室内或室外） |
| 4 | 与海水直接接触的环境，或者处于滨海地区的盐饱和的砌体环境 |
| 5 | 有化学侵蚀的气体、液体或固态形式的环境，包括有侵蚀性土壤的环境 |

### 5.2.2 QITI 上部结构建模与分析

本工程项目的建筑上部结构从条形基础（标高为-1.15m）的顶部开始，直到屋顶22.6m，1层底标高为-1.15m、顶标高为2.3m，2~7层为标准层，第8层为屋顶层。结构建模时仅创建3个标准层即可。

**1. 结构建模**

结构建模的具体操作步骤如下所述。

1）创建第1个标准层，具体操作步骤如下所述。

**01** 在PKPM主页界面的【砌体】选项卡中选择【砌体及底框结构】模块，在专业模块列表中选择【结构建模】，单击【新建/打开】按钮，设置工作目录，创建的工程项目文件将自动保存该工作目录中。在主页界面中双击新建的工作目录，进入QITI结构建模环境中，接着在弹出的【请输入工程名】对话框中输入新工程名称为"汉城博郡"，单击【确定】按钮完成工程项目的创建，如图5-4所示。

图5-4 新建工程项目

**02** 单击【轴网】选项卡【DWG】面板中的【导入DWG】按钮进入【DWG转结构模型】模式。再单击【装载DWG图】按钮导入本例源文件夹中的"二层结构平面图.dwg"图纸文件。

**03** 在【转图设置】控制面板中单击【轴线】项目或者在【选择和识别】面板中单击【轴网】按钮，按信息提示选择图纸中的轴线并右击，完成轴线的识别，如图5-5

所示。

**04** 在【选择和识别】面板中单击【柱】按钮▯，选取图纸中的柱图形进行识别，如图 5-6 所示。

💿提示：

> 以先砌筑砖墙再浇筑混凝土的柱称之为"构造柱"，因为它不是主要结构承载体，砖墙砌体才是主要的承载体。构造柱可以看成墙的一部分，砖砌体和钢筋混凝土构造柱组成的组合砖墙可以作为结构构件。

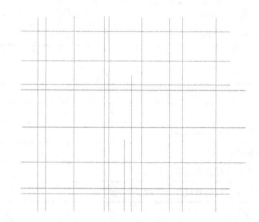

图 5-5　识别轴线

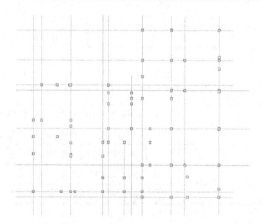

图 5-6　识别柱图形

**05** 在【选择和识别】面板中单击【墙】按钮▱，在图纸中选择一条墙边线并右击完成自动识别，如图 5-7 所示。

**06** 在【选择和识别】面板中单击【梁】按钮◿，在图纸中选择一条梁边线并右击完成选择，系统自动识别所有梁图形，如图 5-8 所示。

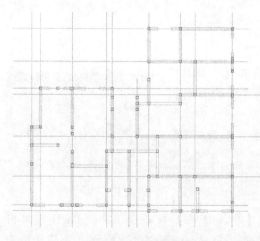

图 5-7　识别墙图形

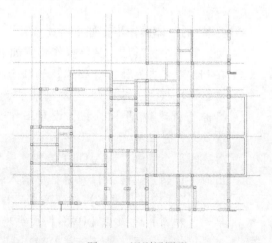

图 5-8　识别梁图形

**07** 单击【窗】按钮▦，选取图纸中的窗图形进行识别，如图 5-9 所示。

**08**
在【单层模型】面板中单击【生成模型（单层）】按钮█，系统自动创建 PM 模型，然后指定左下角的轴线交点（轴线编号 B 与轴线编号 1 的交点）作为基准点，连续按两次 Enter 键后自动创建轴线、柱、墙及梁模型，如图 5-10 所示。

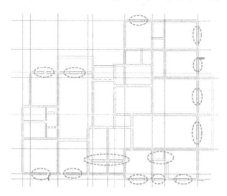

图 5-9　识别窗图形

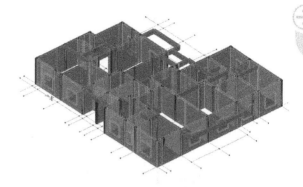

图 5-10　自动创建模型

**09**
参考"二层结构平面图"图中的梁截面图标注的尺寸，将标准层中的梁（右击梁）尺寸进行修改。

**10**
在【楼板】选项卡中单击【生成楼板】按钮█，自动生成楼板，如图 5-11 所示。

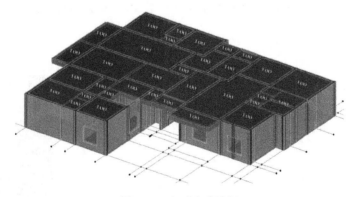

图 5-11　自动生成楼板

**11**
本工程砖混结构的楼板并非现浇混凝土浇筑板，实际上为预制板，所以需要在自动生成楼板的基础之上布置预制板构件。在【其他】面板中单击【预制板】|【布预制板】按钮█，在弹出的【预制板输入】对话框中设置板参数，然后在图形区中选择自动楼板来布置预制板，如图 5-12 所示。注意，放置预制板时，箭头指向为预制板的宽度方向，也就是说箭头的指向与房间的长边垂直即可，但 Tab 键可切换箭头指向。

💿 提示：
　　有些房间的楼板是几个房间共有的楼板，所以不能布置预制板，这应该是识别墙柱图形时产生的误差，导致房间不分明，这种情况下可以重新手动布置墙体，再自动创建房间。

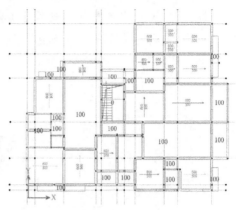

图 5-12  布置预制板

**12** 返回到【构件】选项卡中单击【本层信息】按钮，然后在弹出的【标准层信息】对话框中输入本层标准层高为 2300，如图 5-13 所示。

**13** 楼梯间的楼板需要创建板洞，以便放置楼梯构件。板洞大小根据图纸中的楼梯梯段和中间平台的尺寸来决定。在【楼板】面板中单击【板洞】按钮，将会弹出【板洞布置】控制面板和【板洞布置参数】对话框，在其中单击【增加】按钮。

**14** 在弹出的【截面参数】对话框中设置板洞参数（2360×3920），如图 5-14 所示。

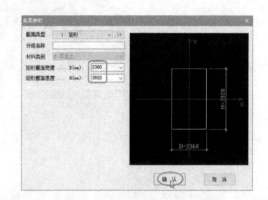

图 5-13  设置标准层层高            图 5-14  设置板洞截面参数

**15** 在【板洞布置参数】对话框中设置【沿轴偏心】和【偏轴偏心】的值均为 120，如图 5-15 所示。

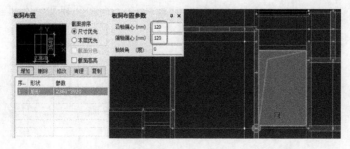

图 5-15  放置门洞

**16** 在【楼板】选项卡的【楼梯】面板中单击【楼梯】|【放置】按钮，在图形区中选取楼梯间后弹出【请选择楼梯布置类型】对话框，在其中选择第一种【单跑直楼梯】类型即可，如图 5-16 所示。

**17** 在弹出的【平行两跑楼梯-智能设计对话框】对话框中设置楼梯参数，并单击【确定】按钮确认参数，如图 5-17 所示。

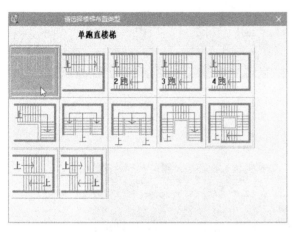

图 5-16　选择楼梯类型

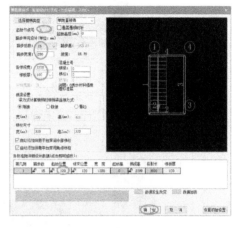

图 5-17　楼梯参数输入

**18** 自动创建的楼梯效果如图 5-18 所示。

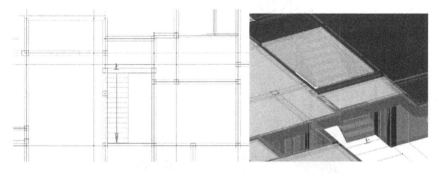

图 5-18　自动创建一层楼梯

**19** 在【楼板】面板中单击【悬挑板】按钮，将会弹出【悬挑板布置】控制面板和【悬挑板布置参数】对话框。在其中单击【增加】按钮，在弹出的【截面参数】对话框中设置悬挑板的截面参数，如图 5-19 所示。

💡提示：

PKPM 中的"悬挑板"就是建筑中常见的"雨遮"或"雨棚"。

**20** 在【悬挑板布置】对话框中设置【定位距离】为 300，接着将悬挑板放置于轴线编号 2~4 之间，如图 5-20 所示。注意：建筑轴线分竖直分布的轴线（竖线）和水平分布的轴线（水平线），通常竖直分布的轴线用大写字母 A，B，C 等进行编号，水平分布的轴线用数字 1，2，3 等进行编号。

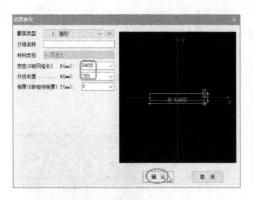
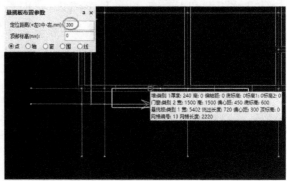

图 5-19　设置悬挑板截面参数　　　　　图 5-20　放置悬挑板

**21** 同理，再创建截面尺寸为 4502×720 的悬挑板并将其放置于字母轴线编号 F～H 之间，如图 5-21 所示。

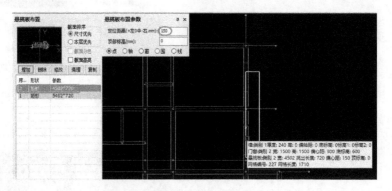

图 5-21　放置另一规格的悬挑板

**22** 在轴编号 2～3 之间继续新增并放置 300×1920 和 2430×720 的悬挑板，如图 5-22 所示。

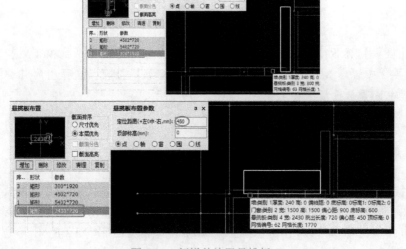

图 5-22　新增并放置悬挑板

**23** 在轴编号 A～C 之间放置 2620×720 的悬挑板，如图 5-23 所示。

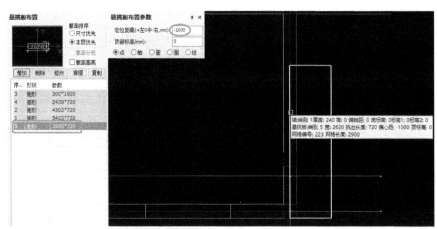

图 5-23　放置悬挑板

**24** 放置完成的悬挑板效果如图 5-24 所示。

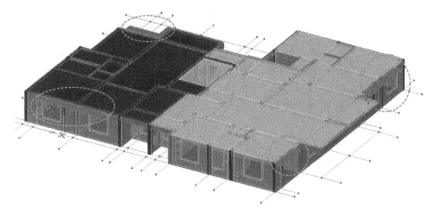

图 5-24　悬挑板的放置效果

2）第 2 标准层设计的具体操作步骤如下所述。

第 2 标准层实际上是第 3～7 层的标准层，第 2 标准层中的模型大部分与第 1 标准层中的模型构建是相同的，只需进行部分修改即可。

**01** 在【楼层】选项卡中单击【增加】按钮，在弹出的【选择/添加标准层】对话框中选中【全部复制】单选按钮，再单击【确定】按钮完成第 2 标准层的创建，如图 5-25 所示。

**02** 在【楼板】选项卡的【修改】面板中单击【删除】按钮删除楼梯构件和楼梯间的板洞，结果如图 5-26 所示。

**03** 返回到【构件】选项卡中单击【本层信息】按钮，然后设置本层标准层高为 2700mm。

**04** 在【楼板】面板中单击【板洞】按钮，将会弹出【板洞布置】控制面板和【板洞布置参数】对话框。在其中选择先前的 2360mm×3920mm 板洞参数（即第 130 页步骤 14 中设置的板洞），然后选取楼梯间来放置板洞，如图 5-27 所示。

图 5-25　复制出第 2 标准层

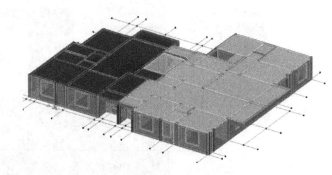

图 5-26　删除悬挑板构件

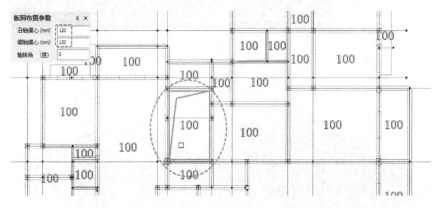

图 5-27　放置板洞

**05** 在【楼板】选项卡的【楼梯】面板中单击【楼梯】|【放置】按钮 ，在图形区中选取楼梯间后弹出【请选择楼梯布置类型】对话框，在其中选择第三种【平行两跑楼梯】类型，如图 5-28 所示。

**06** 在弹出的【平行两跑楼梯-智能设计对话框】对话框中设置楼梯参数，并单击【确定】按钮确认参数，如图 5-29 所示。

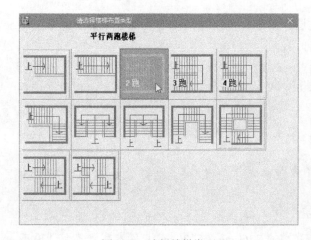

图 5-28　选择楼梯类型

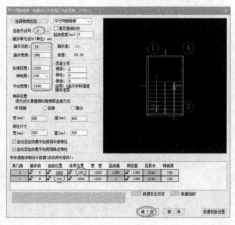

图 5-29　楼梯参数输入

**07** 随后自动创建楼梯，如图 5-30 所示。

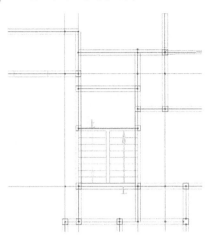

图 5-30　自动创建一层楼梯

**08** 在【构件】选项卡中单击【梁】按钮，选择【梁布置】控制面板中的 240×350 的矩形梁，在【梁布置参数】对话框中设置梁顶标高 1 和梁顶标高 2 的值均为 –1350，然后将梁布置到楼梯间中，如图 5-31 所示。这两条梁就是楼梯平台的支撑梁与走廊通道的底梁。

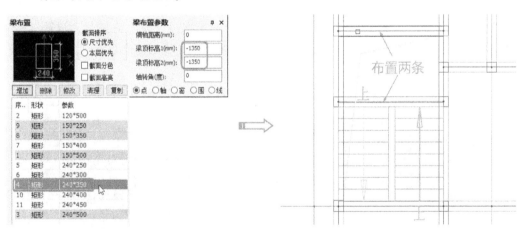

图 5-31　布置两条梁

3）屋顶结构建模的具体操作步骤如下所述。

**01** 在【楼层】选项卡的【标准层】面板中单击【增加】按钮，在弹出的【请选择需要复制的标准层】对话框中选中【只复制网格】单选按钮和【确定】按钮，将第 2 标准层中的轴线网格复制到第 3 标准层中，如图 5-32 所示。此时系统自动进入第 3 标准层进行操作。

**02** 切换到【轴网】选项卡，在其中单击【导入 DWG】按钮进入【DWG 转结构模型】模式，利用【装载 DWG 图】工具载入本例源文件中的"坡屋顶结构平面图 . dwg"图纸文件，然后识别出该图中的结构柱、承重墙、结构梁和窗图形，如

图 5-33 所示。

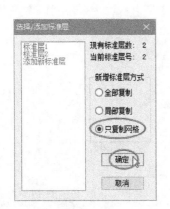

图 5-32 复制标准层

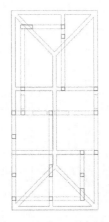

图 5-33 识别图纸中的图形

**03** 单击【生成模型（单层）】按钮 ，选取一个插入基准点（轴编号 A 与轴编号 4 的轴线交点），然后将其插入到模型环境中，与之前复制的轴网进行对齐，操作后的结果如图 5-34 所示。

提示：

发现转换的模型的梁中有许多节点，致使一条完整梁被分割成了好几段，这不利于梁顶标高的设置，如图 5-35 所示。即使将梁中多余的节点删除，但可能会将其他构件的节点也一并删除，所以这里需要使用一个技巧：那就是将梁与其他构件分开识别。

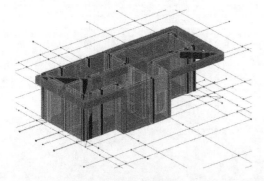

图 5-34 转换模型

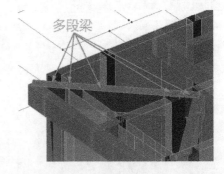

图 5-35 完整的梁被分割成多段

**04** 将梁构件全部删除，如图 5-36 所示。然后在【轴网】选项卡中单击【导入 DWG】按钮 进入【DWG 转结构模型】模式，利用【装载 DWG 图】工具再次载入"坡屋顶结构平面图 .dwg"图纸文件。然后识别出该图中的结构梁图形并生成模型构件（不再重复识别轴网），转换模型时在原来的轴网之外放置梁模型即可，如图 5-37 所示。

**05** 右击坡度屋顶中间的梁，修改梁顶标高，结果如图 5-38 所示。

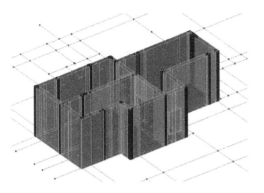
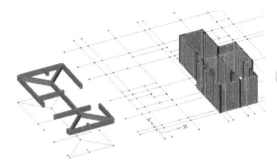

图 5-36 删除梁模构件 图 5-37 重新识别梁图形并生成梁模型

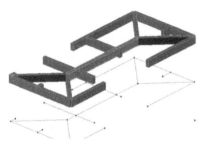

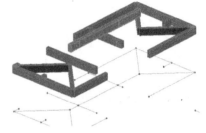

图 5-38 修改中间梁的梁顶标高

**06** 右击人字形的梁并修改其梁顶标高，如图 **5-39** 所示。

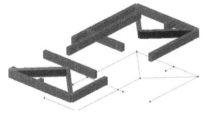

图 5-39 修改人字形梁的梁顶标高

**07** 同理，再修改其余 3 条人字形梁的梁顶标高，结果如图 **5-40** 所示。

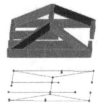

图 5-40 修改其余人字形梁的梁顶标高

**08** 在【轴网】选项卡的【修改】面板中单击【移动】按钮，将所有梁构件框选后右击，再选取一个移动基点，然后将其移动到轴网中对应的位置上，结果如图 **5-41** 所示。

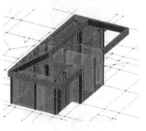
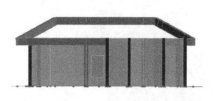

图 5-41　移动构件

**2. 组装楼层**

组装楼层的具体操作步骤如下所述。

**01** 在【楼层】选项卡的【组装】面板中单击【设计参数】按钮，在弹出的【楼层组装-设计参数】对话框的【总信息】选项卡中设置钢筋的砼（混凝土的意思）保护层厚度值等相关参数，如图 5-42 所示。

**02** 在【材料信息】选项卡中设置【混凝土容重】和【砌体容重】等相关参数，如图 5-43 所示。

图 5-42　设置混凝土保护层相关参数

图 5-43　设置容重相关参数

**03** 在【地震信息】选项卡中设置地震信息相关参数，如图 5-44 所示。

**04** 在【风荷载信息】选项卡中设置风压、地面粗糙度类别等信息参数，如图 5-45 所示。最后单击【确定】按钮完成设计参数的设置。

图 5-44　设置地震信息相关参数

图 5-45　设置风荷载信息相关参数

**05** 在【组装】面板中单击【全楼信息】按钮 📊,将会弹出【全楼各标准层信息】对话框。修改该对话框的【板保护层（mm）】参数为20,如图5-46所示。

图5-46 修改板保护层厚度

**06** 在【楼层】选项卡的【组装】面板中单击【楼层组装】按钮 🧱,在弹出的【楼层组装】对话框中首先修改【第1标准层】的层高为3450,再单击【增加】按钮,将楼层添加到右侧的【组装结果】列表中,然后修改底标高为 −1.15（单位 m）,如图5-47所示。

**07** 在【标准层】列中选择【第2标准层】,修改其层高为2700,在【复制层数】列中选择【6】,再单击【增加】按钮,将楼层添加到右侧的【组装结果】列表中,如图5-48所示。

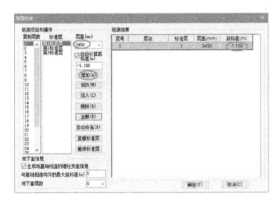

图5-47 修改层高并添加楼层 　　　　　　　　图5-48 复制楼层

**08** 选择【第3标准层】,修改其层高为4100,单击【增加】按钮,将楼层添加到右侧的【组装结果】列表中,最后单击【确定】按钮完成楼层组装,如图5-49所示。在功能区的右侧单击【整楼】按钮 🧱,可看到组装的楼层效果,如图5-50所示。

图5-49 完成组装 　　　　　　　　图5-50 组装的结果

**09** 在【轴网】选项卡的【网点】面板中单击【节点下传】按钮 ⬇，在弹出的【请选择】对话框中单击【自动下传】按钮完成节点下传。

**10** 至此完成了建筑上部结构的设计。

### 3. 施加荷载

施加荷载的具体操作步骤如下所述。

1）为第1标准层施加载荷的具体操作步骤如下所述。

**01** 在功能区右侧的标准层列表中选择【第1标准层】以激活该标准层。

**02** 在【荷载】选项卡的【总信息】面板中单击【恒活设置】按钮 🔳，在弹出的【楼面荷载定义】对话框中设置楼面恒载标准值为2.5，楼面活载标准值为2，如图5-51所示。

**03** 单击【荷载显示】按钮，在弹出的【荷载显示设置】对话框中勾选所有荷载显示复选框。系统自动为整层楼板施加恒活载荷，并将值显示在各房间板面上，如图5-52所示。

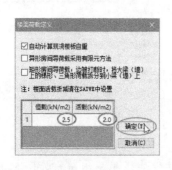

图 5-51　楼面荷载定义

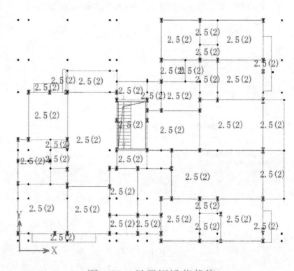

图 5-52　显示恒活荷载值

**04** 接下来需要根据房间功能性不同来修改部分房间的恒载值。在【恒载】面板中单击【板】按钮 🔳，在弹出的【修改恒载】对话框中取消勾选【同时输入活载值】复选框。在【输入恒载值】文本框中输入新的恒载值4，然后选取部分板面修改恒载值，如楼梯间的楼板恒载值为7，如图5-53所示。

> 💡提示: ┄┄┄┄┄┄┄┄┄┄┄┄┄┄┄┄┄┄┄┄┄┄┄┄┄┄┄┄┄┄┄┄┄┄┄┄┄┄┄┄┄┄
>
> 恒载值较大的房间（如厨房、卫生间、楼梯间等）的物品摆设及装修材料的比重相对较大。楼梯间的楼梯自重也是比较大的。

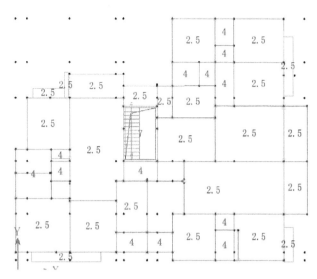

图 5-53　修改楼梯间、电梯间和阳台的恒荷载

**05** 本工程砌体结构中的梁（按框架混凝土结构的梁来计算）上面建模时虽然没有承重或填充墙体，但后期住宅用户估计会有填充墙以分隔房间，所以在计算恒载时计算填充墙（非承重烧结页岩空心砖）即可。在【恒载】面板中单击【梁】按钮，在图形区中选取所有房间内的梁（阳台梁无须添加恒载，系统自动计算）来施加恒荷载，结果如图 5-54 所示。

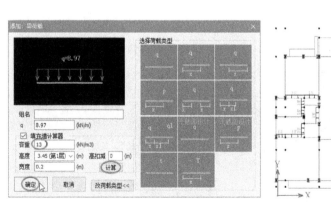
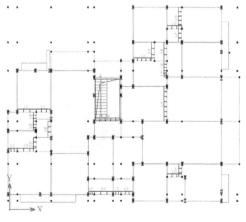

图 5-54　施加梁恒载

💬**提示：**

非承重烧结页岩空心砖容重8.5kN/m³，承重的烧结页岩空心砖容重13kN/m³。

**06** 烧结页岩空心砖承重墙体部分，其上主要有预制板、上层墙和墙体装饰材料，所以需要施加墙恒载。在【恒载】面板中单击【墙】按钮，然后选取所有墙体施加恒载，如图 5-55 所示。

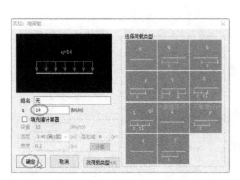
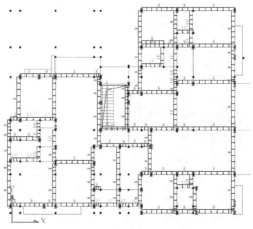

图 5-55　施加梁的恒载荷

2）为第 2 标准层和第 3 标准层施加载荷的具体操作步骤如下所述。

**01** 在功能区右侧的标准层列表中选择【第 2 标准层】以激活该标准层。

**02** 第 2 标准层的荷载情况基本上与第 1 标准层的荷载相同。如果第 7 层（屋面层）没有人员进出，那么恒活载的布置情况就与下面的标准层不同，在楼层组装时可单独复制一层出来，重新组装到第 7 层中。如果有人员进出，荷载设定与下面的标准层是基本相同。

**03** 第 3 标准层就是坡度屋顶层，梁和墙的恒载是相同的，取值 8.97kN/m³ 即可，如图 5-56 所示。

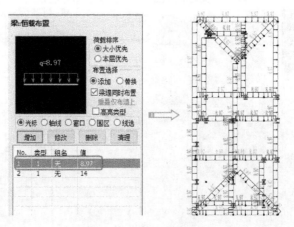

图 5-56　为主次梁施加恒荷载

**4. 砌体信息及计算分析**

砌体信息及计算分析的具体操作步骤如下所述。

**01** 在功能区中切换至【砌体与底框结构】选项卡，或者在专业模块列表中选择【底框结构设计】模块，随后在弹出的【保存提示】对话框中单击【保存】按钮保存模型。随后在弹出的【请选择】对话框，勾选相关复选框后单击【确定】按钮，如图 5-57 所示。

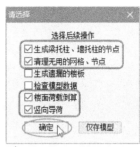

图 5-57　保存模型并选择要生成的数据类型

**02** 在【砌体信息及计算】选项卡的【参数】面板中单击【砌体参数】按钮 ，在弹出的【参数定义】对话框的【砌体结构总信息】页面中进行参数设置，如图 5-58 所示。

图 5-58　设置【砌体结构总信息】页面中的相关参数

**03** 在【砌体材料强度】页面进行参数设置，如图 5-59 所示。

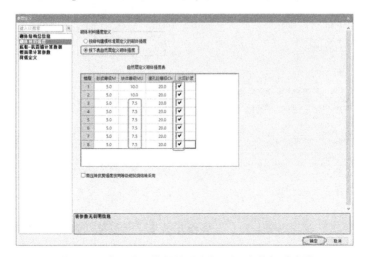

图 5-59　设置【砌体材料强度】页面中的相关参数

**04** 修改值后，系统会重新计算砌体，并将结果显示在平面图中，如图 5-60 所示。

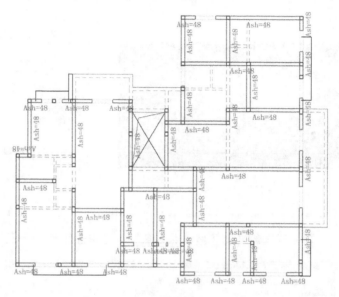

图 5-60　重新计算砌体

**05** 单击【全部计算】按钮▶，完成砌体的计算分析。分析结束后，可以在【砌体计算及结果】面板中单击【构件编号】按钮、【抗震计算】按钮、【受压计算】按钮、【墙高厚比】按钮、【局部承压】按钮、【墙内力图】按钮，以及【梁计算结果】面板中的对应按钮来查看相关的计算结果。

**06** 单击【计算书】按钮W，会打开一个记事本文件，文件中可查看砌体的所有计算信息，如图 5-61 所示。

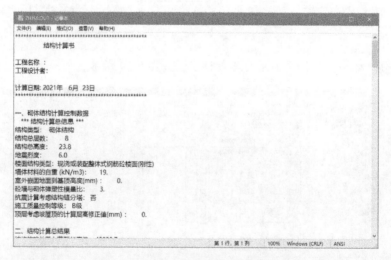

图 5-61　查看计算文件

**07** 在【底框荷载】面板中单击【底框刚度比】按钮⊟，系统自动计算出框架梁的刚度比值，如图 5-62 所示。

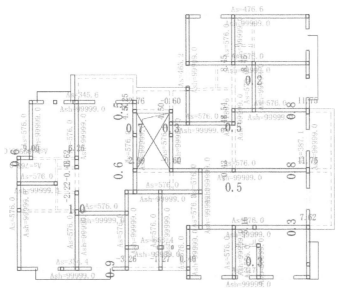

图 5-62　自动计算底框刚度比

**提示:**

在【底框荷载】面板中进行相关荷载计算，目的是为了能够在【底框-抗震墙三维设计】选项卡进行墙、梁的三维设计及抗震分析。

5. 底框-抗震墙三维设计

通过底框-抗震墙三维设计，可查看楼梯、梁、柱的荷载与配筋信息，具体操作步骤如下所述。

**01** 在【底框-抗震墙三维设计】选项卡中单击【计算参数】按钮 ，在弹出的【分析和设计参数补充定义】对话框中首先设置【总信息】页面中的相关参数，如图5-63所示。

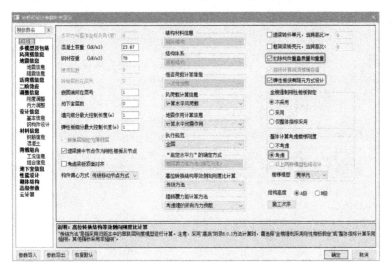

图 5-63　设置【总信息】页面中的相关参数

**02** 设置【活荷载信息】页面中的相关参数，如图5-64所示。

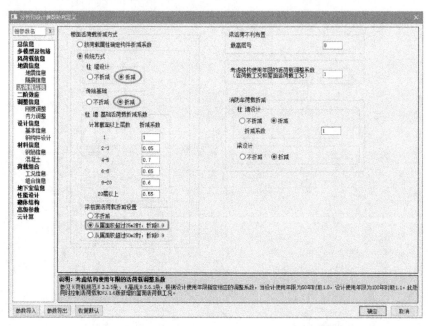

图5-64 设置【活荷载信息】页面中的相关参数

**03** 设置【性能设计】页面中的相关参数，如图5-65所示。

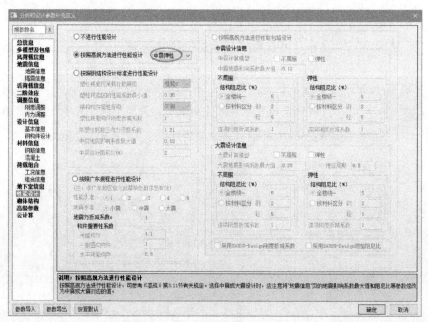

图5-65 设置【性能设计】中的相关参数

**04** 设置【砌体结构】页面中的相关参数，如图5-66所示。完成设置后单击【确定】按钮。

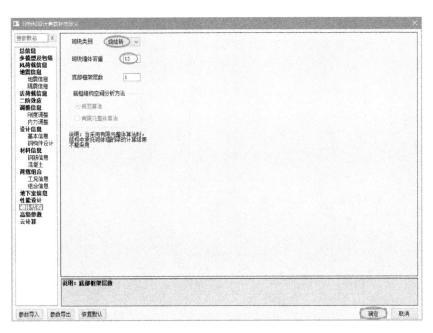

图 5-66　设置【砌体结构】页面中的相关参数

**05** 在【分析计算】面板中单击【生成数据＋全部计算】按钮▶，系统自动计算砌体结构并生成相关的数据信息。计算完成后可到【SAT结果查看】选项卡中进行信息查看。

**06** 在【SAT结果查看】选项卡的【设计结果】面板中单击【配筋】按钮，在弹出的【配筋（双击同应用）】控制面板中选择要显示的内容选项，图形区中将显示配筋的计算结果，包括柱、梁及板的配筋结果，如图5-67所示。

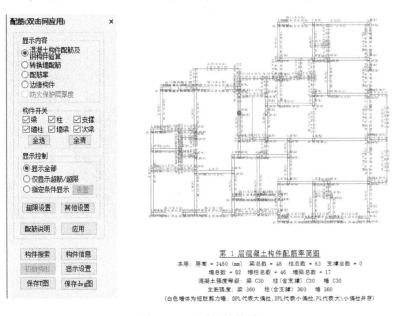

图 5-67　查看配筋结果

**07** 单击【计算书】按钮 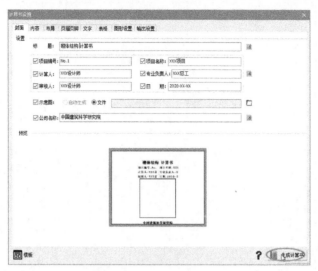，导出砌体结构和配筋等计算书，如图5-68所示。

图5-68　生成计算书

**08** 至此完成了本工程的上部结构设计与SATWE结构分析，最后保存数据结果。

### 5.2.3 JCCAD 基础设计与分析

本工程基础为条形基础，一层的承重墙直接砌筑在条形基础之上。砌体构造柱纵筋直接伸入条形基础底部，条形基础下设置100mm后的C15混凝土垫层。

**1. 地下基础建模**

地下基础建模的具体操作步骤如下所述。

**01** 继续前面的项目。在功能区切换至【基础】选项卡，并在弹出的菜单中选择【基础模型】命令。随后进入到基础模型设计环境中，图形区中显示一层的构造柱和承重墙，如图5-69所示。

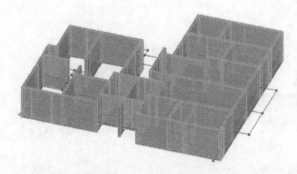

图5-69　进入基础模型环境

**02** 在【参数】面板中单击【参数】按钮，在弹出的【分析和设计参数补充定义】对话框的【总信息】页面中设置相关参数，如图5-70所示。

**03** 在【荷载】页面中设置相关参数，如图5-71所示。

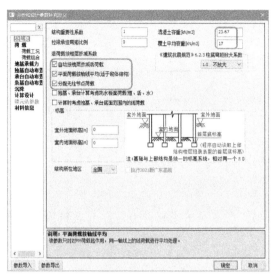

图5-70　设置总信息相关参数　　　　图5-71　设置荷载相关参数

**04** 在【条基自动布置】页面设置条基相关参数，如图5-72所示。

**05** 在【材料信息】页面设置条基砼强度等级和钢筋等级等相关参数，如图5-73所示。单击【确定】按钮完成设置。

图5-72　设置条基相关参数　　　　图5-73　设置材料信息相关参数

**06** 在【基础模型】选项卡的【墙下条基】面板中单击【人工布置】按钮，在弹出的【基础构件定义管理】控制面板和【布置参数】对话框中单击【添加】按钮，在弹出的【墙下条形基础定义】对话框中设置条基截面参数，如图5-74所示。

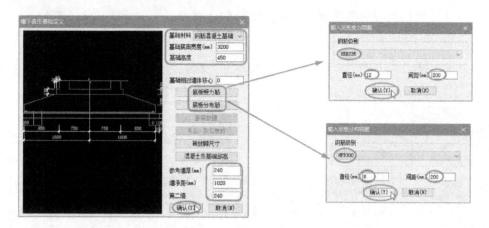

图 5-74  定义第一种条基

**07** 接着定义第二种条基，如图 5-75 所示。第二种条基的底板受力筋和分布筋的参数与第一种相同。

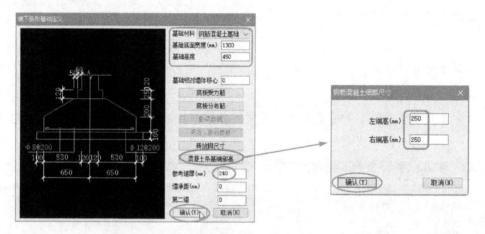

图 5-75  定义第二种条基

**08** 同理，再分别定义第三种、第四种和第五种条基。第三种和第四种条基的参数与第二种条基基本相同，只是【基础底面宽度】值需要更改。将第三种条基的【基础底面宽度】值设为 1700，第四种条基的【基础底面宽度】值设为 900，第五种条基的【基础底面宽度】值设为 600。

**09** 在【布置参数】对话框中设置【基底标高】的值为 –1.5（单位 m），选取第二种"1300 * 450"的条基，在图形区中选取四周外墙来放置基础构件，如图 5-76 所示。

**10** 同理，参照"基础平面布置图"，将其余条基放置到相应位置，最终完成结果如图 5-77 所示。

**11** 从基础平面布置图中可以看出，水平标高 –0.06 的位置上有拉梁（也叫"地圈梁"），是非承重梁。在【上部构件】面板中单击【上部构件】|【拉梁】按钮，添加拉梁的截面尺寸为"240 * 240"，设置梁顶标高为 –0.6（单位 m），附加恒载为 4，如图 5-78 所示。

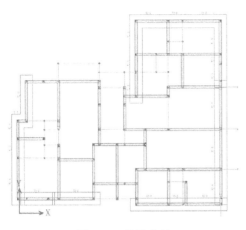

图 5-76 放置条基

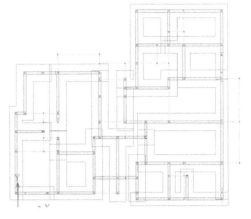

图 5-77 放置其他条基

**12** 依次选取墙体来添加拉梁，结果如图 **5-79** 所示。

图 5-78 定义拉梁并设置布置参数

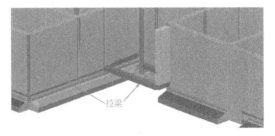

图 5-79 创建的拉梁

**2. 分析、设计与结果查看**

分析、设计与结果查看的具体操作步骤如下所述。

**01** 进入【分析与设计】选项卡中单击【生成数据＋计算设计】按钮▶，完成数据生成和结构分析计算。

**02** 在【结果查看】选项卡中单击【弯矩】按钮将会弹出【弯矩查看】对话框，可在其中设置相关参数并查看基础拉梁所产生的弯矩效果图，如图 5-80 所示。

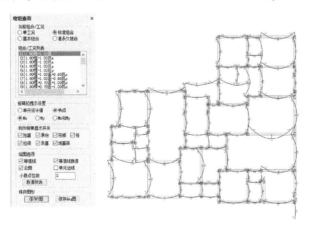

图 5-80 查看弯矩效果

**03** 通过单击【构件信息】【设计简图】【文本查看】等按钮，可生成相关的数据文本，供设计师阅读。

**04** 单击【计算书】按钮 ，自动生成独基的计算书，如图5-81所示。

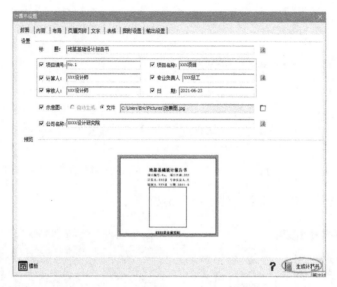

图5-81　生成独基计算书

**05** 单击【工程量统计】按钮 ，在弹出的【工程量统计设置】对话框中勾选【独基】和【地基梁】复选框后单击【确定】按钮，完成工程量的统计并输出文本。

⊙ 提示：

所有的文本输出将自动输出到用户定义的工作目录中。

**06** 至此，完成了本工程项目的所有砌体结果建模和结构分析工作，最后将结果文件保存。

# 第6章 STS 钢结构设计与分析案例

【本章导读】

钢结构 CAD 软件 STS 可以建立多高层钢框架和门式钢架等结构的三维模型，对于三维模型的整体分析和构件设计，必须配合 PKPM 系列的 SATWE 或 PMSAP 软件来完成，本章重点介绍门式钢结构厂房的三维设计及结构分析流程。

## 6.1 STS 钢结构设计模块简介

钢结构 CAD 软件 STS 是 PKPM 系列的一个功能模块，既能独立运行，又可与 PKPM 其他模块数据共享，从而完成钢结构的模型输入、优化设计、结构计算、连接节点设计与施工图辅助设计。

### 6.1.1 STS 钢结构设计模块的特点

STS 模块具有如下特点。

专业钢结构一体化 CAD 软件，可以完成钢结构的模型输入，截面优化，结构分析和构件验算，节点设计与施工图绘制。

- 适用于门式钢架，多、高层框架，桁架，支架，框排架，空间杆系钢结构（如塔架、网架、空间桁架）等结构类型。构件可以是钢材料，也可以是混凝土材料，因此软件适用于钢结构以及钢与混凝土混合结构的设计。还提供专业工具用于檩条、墙梁、隅撑、抗风柱、组合梁、柱间支撑、屋面支撑、吊车梁等基本构件的计算和绘图。
- 可以独立运行，也可以与 PKPM 系列其他软件数据共享，配合使用。STS 三维模型数据可以接口 SATWE、TAT 或 PMSAP 来完成钢结构的空间计算与构件验算，可以接口 JCCAD 完成基础设计。STS 二维模型数据也可以接口 JCCAD 完成独立基础设计。
- 可以用三维或二维方法建立结构模型。软件提供 70 多种常用截面类型，以及用户自绘制的任意形状截面，常用钢截面包括各类型的热轧型钢截面，冷弯薄壁型钢截面，焊接组合截面（含变截面），实腹式组合截面，格构式组合截面等类型。程序自带型钢库，用户可以对型钢库进行编辑和扩充。
- STS 的二维设计程序"PK 交互输入与优化计算"用于门式钢架、平面框架、框排架、排架、桁架、支架等结构的设计：可以计算"单拉杆件"；可以定义互斥活荷载；可以进行风荷载自动布置；吊车荷载包括桥式吊车荷载、双层吊车荷载、悬挂吊车荷载；可以考虑构件采用不同钢号；通过定义杆端约束实现滑动支座的设计；通过定义弹性支座实现托梁刚度的模拟；通过定义基础数据实现独立基础设计。内力分析采用平面杆系有限元方法；可以考虑活荷载不利布置；自动计算地震作用（包括水平地震和竖向地震）；荷载效应自动组合。同时，还可以选择钢结构设计规范、门式钢架规程、冷弯薄壁型钢设计规范等标准进行构件强度和稳定性计算。输出各种内力图、位移图、钢构件应力图和混凝土构件配筋图，输出超限信息文件、基础设计文件、详细的计算书等文档。可以进行截面优化，根据构件截面形式，软件可以自动确定构件截面优化范围，用户也可以指定构件截面优化范围，软件通过多次优化计算，确定用钢量最小的截面尺寸。

- 对于门式钢架结构，提供了三维设计模块和二维设计模块。STS 的门式钢架三维设计，集成了结构三维建模，屋面墙面设计，钢架连接节点设计，施工图自动绘制，三维效果图自动生成功能。三维建模可以通过立面编辑的方式建立主钢架、支撑系统的三维模型；通过吊车平面布置的方法自动生成各榀钢架吊车荷载；通过屋面墙面布置建立围护构件的三维模型。自动完成主钢架、柱间支撑、屋面支撑的内力分析和构件设计，自动完成屋面檩条、墙面墙梁的优化和计算，绘制柱脚锚栓布置图，平面、立面布置图，主钢架施工详图，柱间支撑、屋面支撑施工详图，檩条、墙梁、隅撑、墙架柱、抗风柱等构件施工详图。通过门式钢架三维效果图程序，可以根据三维模型，自动铺设屋面板、墙面板以及包边；自动生成门洞顶部的雨篷；自动形成厂房周围道路、场景设计；交互布置天沟和雨水管；快速生成真实的渲染效果图，可以制作三维动画。门式钢架二维设计，可以进行单榀钢架的模型输入，截面优化，结构分析和构件设计，节点设计和施工图绘制。
- 对于多高层钢框架结构，STS 可以接 SATWE、TAT 或 PMSAP 的空间分析结果来完成钢框架全楼的梁柱连接、主次梁连接、拼接连接、支撑连接、柱脚连接，以及钢梁和混凝土柱或剪力墙等节点的自动设计和归并，绘制施工图。提供的三维模型图可以从任意角度观察节点实际模型。可以统计全楼高强度螺栓用量和钢材用量，绘制钢材订货表。三维框架施工图根据不同设计单位的出图要求，可以绘制设计院需要的设计图（包括基础锚栓布置图，平面、立面布置图，节点施工图等），绘制制作加工单位需要的施工详图（包括布置图，梁、柱、支撑构件施工详图）。
- 对于平面框架、桁架（角钢桁架和钢管桁架）、支架，STS 可以接力分析结果，设计各种形式的连接节点，绘制施工图。节点设计提供多种连接形式，由用户根据需要选用。软件绘制的施工图有构件详图和节点图，可以达到施工详图的深度。
- STS 的复杂空间结构建模及分析软件，可以完成空间杆系钢结构的模型输入、内力分析，构件验算，对塔架、空间桁架、网架、网壳可以快速建模。
- STS 的工具箱提供了基本构件和连接节点的计算及绘图工具。可以完成各种截面的简支或者连续檩条、墙梁计算和绘图；屋面支撑、柱间支撑的计算和绘图；吊车梁的截面优化和设计以及绘图；各种连接节点的计算和绘图；钢梯绘图；抗风柱计算和绘图；蜂窝梁、组合梁、简支梁、连续梁、基本梁柱构件计算；型钢库查询与修改；图形编辑打印和转换。
- 软件自动布置施工图图面，同时提供方便、专业的施工图编辑工具，用户可用鼠标随意拖动图面上各图块，进行图面布局。可用鼠标成组地拖动尺寸、焊缝、零件编号等标注，大大减少了修改图纸的工作量。

## 6.1.2 STS 的功能分模块介绍

在 PKPM 结构设计软件主页界面中，切换到【钢结构】选项卡，可看到钢结构模块包括钢结构二维设计、钢结构厂房三维设计、钢框架三维设计、网架网壳管桁架设计和深化设计软件（结构板）等分模块。每个分模块中又包含有多个专业模块。

图 6-1　STS 钢结构模块的组成

**1. 钢结构二维设计**

主要完成门式钢架、框架、桁架、支架、框排架的二维设计，包括二维模型的输入、截面优化、结构计算、节点设计和施工图绘制。其专业模块如下所述。

- 门式钢架：主要完成门式钢架结构的模型输入、结构优化设计、结构计算、节点设计和施工图绘制。
- 框架：完成框架二维模型的输入、结构优化、结构计算、节点连接设计与施工图绘制。
- 桁架：用于桁架结构类型的二维模型的输入、截面优化、结构计算、节点设计和施工图绘制。
- 支架：用于支架结构的二维模型的输入、截面优化、结构计算、节点设计和施工图绘制。
- 框排架：用于排架，框排架结构类型的二维模型的输入、截面优化和结构计算。可以进行实腹式组合截面和格构式组合截面，钢管混凝土截面等复杂截面的输入。
- 重钢厂房：需要使用 STPJ 加密锁。可以完成菜单 5 包含的功能，主要用于实现实腹式柱、实腹式组合截面柱、格构式组合截面柱的柱脚以及柱身的设计，肩梁设计、牛腿设计、人孔设计等。
- 工具箱：包括提供了基本构件和连接节点的计算和绘图工具。可以完成各种截面的简支或者连续檩条、墙梁计算和绘图；屋面支撑、柱间支撑的计算和绘图；吊车梁的截面优化和设计以及绘图；各种连接节点的计算和绘图；钢梯绘图；抗风柱计算和绘图；蜂窝梁、组合梁、简支梁、连续梁、基本梁柱构件计算；型钢库查询与修改；之型钢（波纹腹板）构件计算；波浪腹板 H 型钢设计。

2. 钢结构厂房三维设计

用于门式钢架结构类型的三维模型输入，屋面、墙面设计，钢材统计和报价。其专业模块如下。

- 门式钢架三维设计：集成了门式钢架结构三维建模，屋面墙面设计，钢架连接节点设计，施工图自动绘制。三维建模可以通过立面编辑的方式建立主钢架、支撑系统的三维模型；通过吊车平面布置的方法自动生成各榀钢架吊车荷载；通过屋面墙面布置建立围护构件的三维模型。自动完成主钢架、柱间支撑、屋面支撑的内力分析和构件设计，自动完成屋面檩条、墙面墙梁的优化和计算，绘制柱脚锚栓布置图、平面、立面布置图，主钢架施工详图，柱间支撑、屋面支撑施工详图，檩条、墙梁、隅撑、墙架柱、抗风柱等构件施工详图。

- 门式钢架三维效果图：可以根据三维模型，自动铺设屋面板、墙面板以及包边；自动生成门洞顶部的雨篷；自动形成厂房周围道路、场景设计；交互布置天沟和雨水管；快速生成真实的渲染效果图，可以制作三维动画。

- 框排架三维设计：可以完成框排架的三维模型输入、吊车系统布置、屋面墙面布置、结构计算。

3. 钢框架三维设计

用于多、高层框架结构类型的三维模型输入，为 SATWE、TAT 或 PMSAP 三维计算提供建模数据，可以按照三维计算软件的设计内力完成全楼节点的连接设计，绘制三维框架设计图，节点施工图，构件施工详图，平面、立面布置图，实际结构三维模型图。

三维框架节点设计可以单独修改各节点的连接螺栓直径，连接方式等参数，做到各个节点可以有不同的设计参数和连接方式，对节点设计结果可以进行修改和重新归并，设计结果文件详细地输出了节点计算的过程和校核结果。

三维框架施工图部分分别针对大型设计院、中小设计院、详图制作单位的出图习惯，可以绘制设计图，节点施工图，构件施工详图，结构平面、立面布置图，提供的实际结构三维模型图可以身临其境地从各个角度观察节点的实际连接形式和效果。可以精确地统计整个结构最终的钢材用量，绘制钢材订货表和高强度螺栓表。

通过任意截面编辑器，用户可以绘制任意形状的截面，或者通过型钢，钢板的组合，组成任意复杂截面，软件自动计算截面特性，完成结构内力分析。钢框架三维设计模块功能与PMCAD 模块功能完全相同。

4. 网架网壳管桁架设计

网架网壳管桁架设计模块用于大跨空间的钢结构设计，主要包括：网架结构、网壳结构、空间管桁架结构、索膜结构等。在众多结构形式中，网架、网壳与空间管桁架在实际工程中应用最为广泛。该模块包括以下两大专业模块。

1）"网架网壳管桁架结构设计"专业模块

该专业模块功能组织紧密，围绕网架网壳结构与管桁架结构进行设计，主要功能包括网架网壳、管桁架快速建模、荷载定义、约束布置、设计参数选项、截面库的设定与网架网壳、管桁架截面自动优选、网架网壳管桁架设计结果查看、网架网壳管桁架节点与施工图绘制、材料统计等功能。特色功能如下所述。

- 基于梁、杆有限元的设计分析。
- 网架网壳、管桁架的参数化建模。
- 构件截面角度自动调整。
- 球壳按规范自动计算风荷载。
- 风洞试验数据读取与风荷载布置。
- 进行多方向角的地震作用分析。
- 进行截面优选和网架高度优选。
- 进行屈曲分析和时程分析。
- 生成图文并茂的计算书。
- 进行螺栓球、焊接球节点和相贯节点的设计，生成施工图。

（2）"整体分析与网架网壳管桁架设计"专业模块（以下简称整体分析）

该专业模块的功能涵盖了下部结构设计与网架网壳管桁架设计，包括下部结构建模与PM模型导入、空间结构模型拼装、整体设计参数选项、PMSAP结构整体分析功能、结构整体指标控制与下部结构设计、结构构件设计、网架网壳管桁架节点与施工图绘制、材料统计等功能。

在网架网壳管桁架结构与下部结构进行设计并整体分析时，对上部结构与下部结构的连接支座进行模拟分析。通过通用支座功能，设定网架网壳管桁架结构与下部结构之间的连接支座形态，可以实现普通铰支座、单向滑动支座、双向滑动支座、弹簧支座、带阻尼的弹簧支座等。

两个专业模块的关系如图6-2所示。其中，网架网壳管桁架独立设计模块也可进行混凝土梁柱的内力计算，但无法出配筋结果，暂不支持杆件偏心。

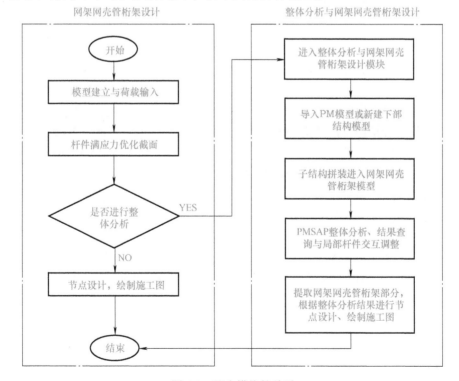

图6-2　两个模块的关系

## 6.2 门式钢结构三维设计与分析案例

本例以一个工厂厂房的钢结构设计为例，详解门式钢架的三维设计方法、模型输入、屋面墙面设计、自动计算、自动绘制施工图及材料统计与报价等知识。

### 6.2.1 钢结构设计总说明

本工程为四川泸州经济开发区某机械制造公司为机械冲压制造生产线所新建的门式钢架结构厂房。

**1. 工程概况**

本工程为单层钢结构门式钢架厂房，跨度为29m，柱距为7m，檐口高为9.8m，轴线面积为6800m²。屋面、墙面采用彩色压型钢板。车间内有两台20t桥式吊车。

车间长119m，宽57.12m，货物起吊高度5m。车间采光面积比为1/6～1/8，车间地平荷重10kN/m²，均采用水磨石地面，全部地平待设备基础完工后再施工。厂房设4.7m×5m的大门2个，大门上设有人行小门，门上有挡雨篷，外挑900mm。车间内设桥式吊车2辆，软钩，吊车级别为A5级（工作级别）。具体性能参数如表6-1所示。

表6-1 桥式软钩吊车性能参数

| 起重量 Q/t | 跨度/m | 基本尺寸/mm | | | | 起重机重/t | | 最大轮压/kN | |
|---|---|---|---|---|---|---|---|---|---|
| | | 大车宽 B | 大车轮距 K | 轨面至车顶面高度 H | 轨中心至大车外边缘 B₁ | 大车 | 小车 | P₁ | P₂ |
| 20 | 28.56 | 6210 | 5000 | 1870 | 230 | 26.4 | 7 | 21.9 | 6.75 |

**2. 主要设计条件**

本工程安全等级为二级，主体结构设计使用年限为50年。本工程建筑抗震设防类别为乙类，抗震设防烈度为7度，设计地震分组为第一组，设计基本地震加速度为0.1g，场地类别为Ⅱ类。

四川地区基本风压为0.7kN/m²，地面粗糙为B类，钢架、檩条、墙梁及围护结构体型系数按《门式钢架轻型房屋钢结构技术规程（2012年版）》（CECS102—2002）取值。

设计荷载标准值如下所述。

- 屋面恒荷载（含檩条自重）：0.2kN/m²。
- 屋面活荷载：0.3kN/m²。
- 钢架活荷载：0.3kN/m²。
- 檩条活荷载：0.5kN/m²。
- 屋面施工荷载：1.0kN。

本工程±0.000为室内地坪标高，相当于绝对标高。本工程所有结构施工图中标注的尺寸除标高以m为单位外，其他均以mm为单位。

**3. 气象及地质资料**

气象及地质资料如下所述。

（1）气象

- 极端最高气温：38.4℃。

- 极端最低气温：−30.4℃。
- 日最大降水量：100.8mm。
- 年主导风向：北。
- 最大风速：25m/s。
- 最大积雪：210mm。
- 冬季相对湿度：40%。
- 夏季相对湿度：55%。

（2）地质，地震
- 最高底下水位：−9.0m。
- 标准冻结深度：−1.50m。
- 经勘察知地基承载能力标准值为150kPa，无不良地基；地震设防烈度：8度。

（3）设计参数

车间防火等级丁类三级，冬季采暖室外计算温度为-19℃，厂房采暖按18℃设计，夏季通风室外计算温度为27℃。
- 不上人屋面活荷载：0.5kN/m²。
- 风荷载 0.7kN/m²。
- 雪压：0.35kN/m²。
- 积灰荷载：0.3kN/m²。

4. 材料

本工程钢梁采用Q345B钢、柱采用Q235B钢，抗风柱采用Q235B钢，梁柱端头板、连接板采用Q345B钢，加劲肋采用Q235B钢，吊车梁、地脚锚栓采用Q345B钢，其他构件均采用Q235钢（注明除外）。屋面檩条、墙梁采用Q235冷弯薄壁型钢，隔撑采用L40×3。柱间支撑采用∅20圆钢和∅114×3.0圆管。

钢结构之主构件连接件需采用10.9级摩擦型高强度螺栓，高强度螺栓结合面不得涂料，采用喷砂后生赤锈处理法，要求摩擦面抗滑移系数为0.45。

檩条与檩托，墙梁与墙梁托等次要连接采用普通螺栓，普通螺栓应符合现行国家标准《六角头螺栓》（GB/T 5780—2016）的规定，基础锚栓采用Q345。

## 6.2.2 STS钢结构三维设计

下面利用STS的钢结构厂房三维设计分模块进行门式钢结构厂房的结构建模和分析。门式钢结构厂房三维效果图（非PKPM模型）如图6-3所示。

图6-3 门式钢结构厂房三维效果图

本工程的单跨型门式钢结构厂房的中间榀钢架剖面和边榀钢架剖面图，如图6-4所示。

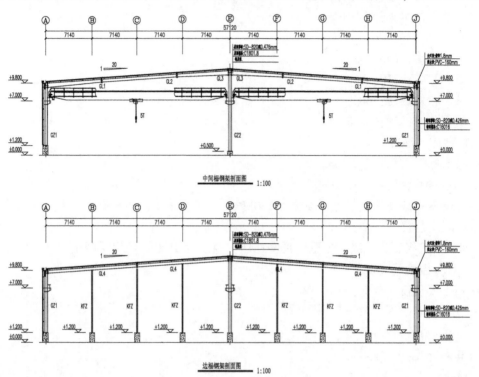

图 6-4　门式钢结构厂房的钢架剖面图

图 6-5 所示为吊车梁平面布置图。从图中可看出，整个钢结构厂房有两种类型的榀架构成，即轴线 1 和轴线 18 为边榀钢架梁，轴线 2 ~ 轴线 17 为中间榀钢架梁。

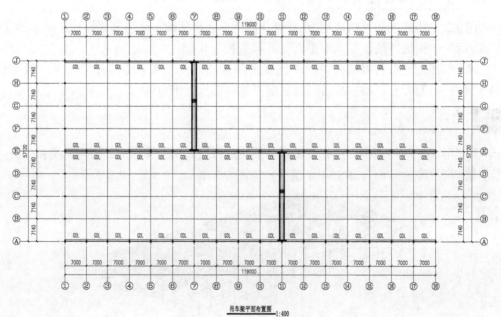

图 6-5　吊车梁平面布置图

**1. 构建边榀**

构建边榀的具体操作步骤如下所述。

**(1) 边榀建模**

**01** 在 PKPM 主页界面的【钢结构】选项卡中选择【钢结构厂房三维设计】模块，再选择【门式钢架三维设计】专业模块，单击【新建/打开】按钮，设置工作目录，创建的工程项目文件会自动保存该工作目录中，如图6-6所示。

图6-6 设置工作目录

**02** 在主页界面中双击新建的工作目录，进入 STS 门式钢结构设计环境中。

**03** 在【模型输入】选项卡的【网格设置】面板中单击【网格输入】按钮，在弹出的【厂房总信息及网格编辑】对话框的【厂房总信息】选项卡中设置相关参数及选项，如图6-7所示。

**04** 在【设计信息】选项卡中输入设计信息，如图6-8所示。完成后单击【确定】按钮，系统会自动创建轴网。

图6-7 设置厂房总信息

图6-8 输入设计信息

**05** 在【网格设置】面板中单击【设标准榀】按钮，然后在图形区中选择轴线 1 和轴线 18 作为统一标准类型的榀轴线，如图 6-9 所示。选取后右击完成设置。

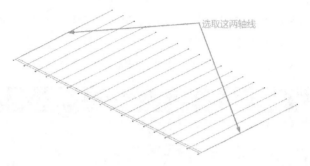

图 6-9　设置标准榀

**06** 同理，再单击【设标准榀】按钮设置轴线 2～轴线 17 作为另一个统一标准的榀轴线。

**07** 在【模型输入】面板中单击【立面编辑】按钮，在图形区中选取轴线 1 后进入榀立面编辑模式，并弹出相关的功能选项卡，如图 6-10 所示。

图 6-10　榀立面编辑模式中的功能区选项卡

**08** 在【常用功能】选项卡的【轴线网格】面板中单击【门架】按钮，在弹出的【门式钢架快速建模】对话框的【门式钢架网格输入向导（mm）】选项卡中不设置相关参数（这些参数大部分在前面已经设定了）。单击【双坡多跨钢架】按钮，在弹出的【双坡多跨钢架参数定义】对话框中设置参数，如图 6-11 所示。

💿 提示：
> 【门式钢架快速建模】对话框的名称在软件中为【门式刚架快速建模】，其中的"刚"字表达的意思并不准确，"刚"和"钢"字适用情况并不同，为表述统一，本章按照"钢"字来显示对话框名。

**09** 在【门式钢架网格输入向导（mm）】选项卡中单击【设挑檐】按钮，在弹出的【设置】对话框中设置挑檐参数，完成后单击【确定】按钮，如图 6-12 所示。

**10** 勾选【设抗风柱】复选框，接着单击【抗风柱参数设置】按钮，在弹出的【抗风柱参数设置（mm）】对话框中设置抗风柱参数，完成后单击【确定】按钮，如图 6-13 所示。

**11** 在【设计信息设置】选项卡中设置相关设计信息，完成后单击【确定】按钮，如图 6-14 所示。

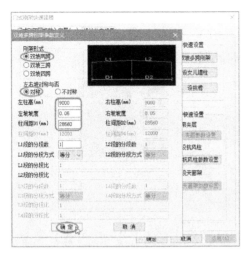

图 6-11 【门式钢架网格输入向导（mm）】选项卡

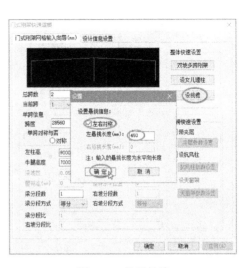

图 6-12 设置挑檐

图 6-13 设置抗风柱参数

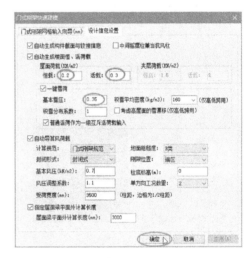

图 6-14 设置设计信息

**12** 随后自动创建边榀钢架，如图 6-15 所示。从生成的模型可以看出，顶梁和边柱的尺寸太大了，这个是系统默认尺寸，需要自行修改。

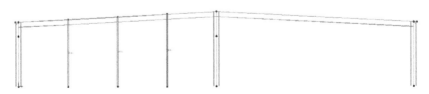

图 6-15 自动创建的边榀梁

**13** 在【构件布置】面板中单击【柱布置】按钮 ，将会弹出【PK-STS 截面定义及布置】对话框。在该对话框中有序号 1 和序号 2 钢柱截面（系统自定义的），首先选中序号 1 的截面（边梁的截面），再单击【修改截面参数】按钮，在弹出的【截面参数】对话中进行相应设置，如图 6-16 所示。

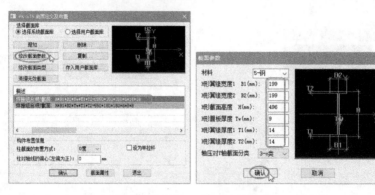

图 6-16　修改序号 1 的截面尺寸

**14** 修改序号 2（抗风柱）的截面尺寸，如图 6-17 所示。接着在【构件布置】面板中单击【梁布置】按钮，在弹出的【PK-STS 截面定义及布置】对话框中选择序号 1 的梁截面并修改其尺寸，如图 6-18 所示。

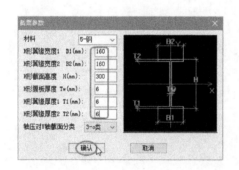

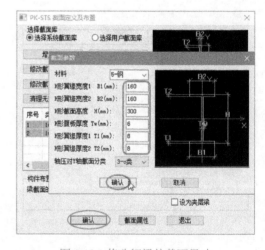

图 6-17　修改抗风柱的截面尺寸　　　　图 6-18　修改钢梁的截面尺寸

**15** 修改截面尺寸后的边榀钢架梁的效果如图 6-19 所示。

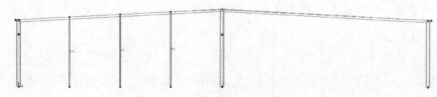

图 6-19　修改截面尺寸后的效果

**16** 此时可见右边还差 3 条抗风柱。进入【轴线网格】选项卡，单击【快速复制】面板中的【镜像复制】按钮，绘制 1 条竖直镜像中心线，如图 6-20 所示。

**17** 选取镜像中心线左侧的 3 条抗风柱，将其自动镜像到右侧，如图 6-21 所示。同理，将左边边柱上的牛腿节点也镜像到最右边的柱上，如不能镜像可直接将左边的柱镜像到右边去。

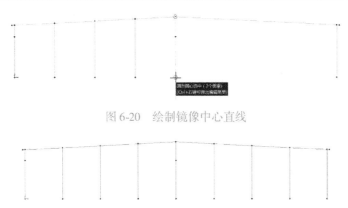

图 6-20　绘制镜像中心直线

图 6-21　添加中间钢柱

提示：

　　如果发现柱上没有牛腿节点，后期就不能施加载牛腿荷到该柱上，所以无论怎样操作都要复制或创建一个节点到边柱及中间柱上，或者绘制轴线时分两部分绘制。

（2）施加荷载

施加荷载的具体操作步骤如下所述。

**01**　切换到【荷载布置】选项卡，梁、柱、雪及风荷载在前面构建钢架模型时已经设定，接下来设置吊车荷载。在【吊车荷载】面板中单击【布置吊车】按钮，在弹出的【PK-STS吊车荷载定义】对话框中单击【增加】按钮，在弹出的【吊车荷载数据】对话框中选中【程序导算】单选按钮，再单击【导算】按钮，添加吊车载荷数据，如图 6-22 所示。

图 6-22　增加吊车数据

提示：

　　如果选中【手工输入】单选按钮，那么对话框下面的这些吊车数据就可以直接输入。值得注意的是，表 6-1 中提供的吊车性能参数是不能直接输入到【吊车荷载数据】对话框中的，需要先将表 6-1 中的性能参数通过程序导算并得到合理的吊车荷载数据（第 166 页，图 6-24 所示的【吊车荷载输入向导】对话框中的荷载数据），然后将程序导算的数据输入到【吊车荷载数据】对话框中。所以建议大家尽量选中【程序导算】单选按钮来计算吊车荷载。

**02** 在弹出的【吊车荷载输入向导】对话框中单击【增加】按钮，然后按如图 6-23 所示的操作完成吊车数据的输入。

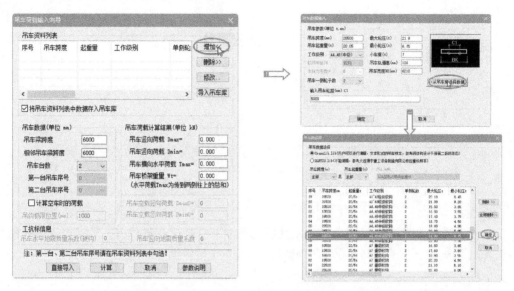

图 6-23 吊车荷载数据的导入

**03** 在【吊车荷载输入向导】对话框的【吊车资料列表】列表中勾选序号为 2 的复选框，再单击【计算】按钮，随即将会得到吊车荷载计算结果，如图 6-24 所示。

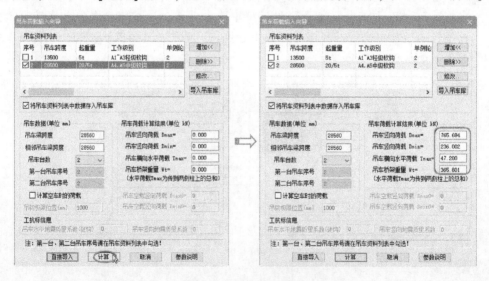

图 6-24 计算吊车荷载

**04** 单击【直接导入】按钮，将计算的数据导入到【吊车荷载数据】对话框中，单击【确定】按钮，完成吊车荷载的定义。最后单击【PK-STS 吊车荷载定义】对话框中的【确认】按钮，如图 6-25 所示。

**05** 到图形区中选取吊车荷载作用的两个点来施加荷载，如图 6-26 所示。接着再选取左右作用点（也是牛腿节点）来施加吊车荷载，如图 6-27 所示。

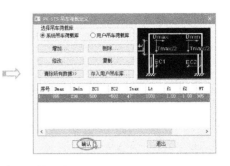

图 6-25　完成吊车荷载定义

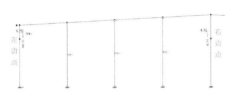
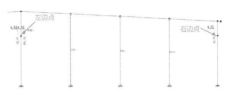

图 6-26　施加第一个吊车荷载　　　　　　图 6-27　施加第二个吊车荷载

**06** 切换到【补充数据】选项卡，单击【布置基础】按钮，在弹出的【输入基础计算参数】对话框中设置相关基础数据，单击【确定】按钮后框选所有柱脚来放置基础，如图 6-28 所示。

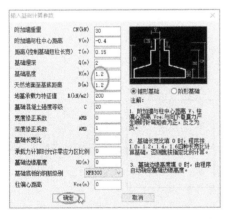
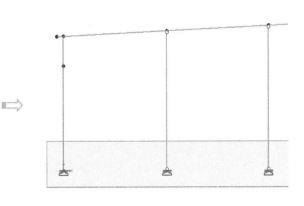

图 6-28　放置基础

（3）门式钢架优化

优化的目的是使最后的设计方案在满足规范要求的前提下，进行优化计算，最后得到用钢量最小的截面。目前版本，优化过程能够自动满足的优化目标限制条件有：强度、稳定、长细比、柱顶位移、挠跨比、屋面坡度改变率、变截面楔率等控制，优化结果可以自动满足这些限制条件，具体操作步骤如下所述。

**01** 切换到【截面优选】选项卡，单击【优化参数】按钮，在弹出的【钢结构优化控制参数】对话框中设置参数，如图 6-29 所示。

**02** 单击【优化范围】按钮 ▦，在弹出的【优化范围】控制面板中选择【自动确定】
选项，然后自动计算并定义优化范围，如图 6-30 所示。

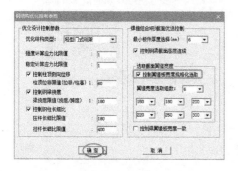

图 6-29 优化参数

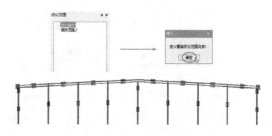

图 6-30 自动确定优化范围

**03** 单击【优化计算】按钮自动完成优化过程。再单击【优化结果】按钮 🖋 就可以查
看优化结果。在弹出的【优化结果】控制面板中选择【优化截面】选项，可查看截
面的优化结果，如图 6-31 所示。

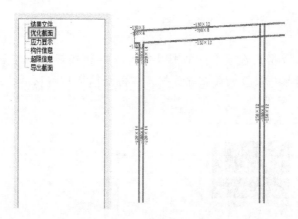

图 6-31 查看截面优化结果

**04** 切换到【结构计算】选项卡。单击【结构计算】按钮 ▶，系统自动对所建模型进行
内力分析、杆件强度、稳定验算及结构变形验算等，可切换到【计算结果查询】选
项卡中查看相关结果。图 6-32 所示为配筋包络与钢结构应力比图。

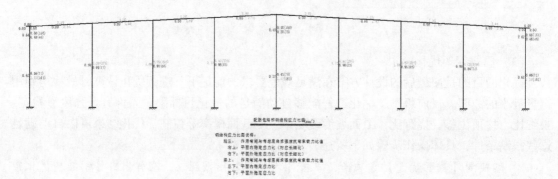

图 6-32 配筋包络与钢结构应力比图

**05** 在功能区右侧单击【返回模型】按钮 ，返回到 STS 门式钢结构设计环境中。返回过程中要注意保存文件。此时可看到轴线 1 和轴线 18 上同时生成边榀梁（需要单击【显示设置】面板中的【显示设置】按钮 来设置【构件按照三维线框显示】），如图 6-33 所示。

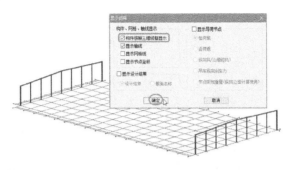

图 6-33 显示边榀梁

**2. 创建中间榀**

创建中间榀的过程与边榀过程是完全相同的。下面仅介绍不同的部分，主要是模型建立过程，具体操作步骤如下所述。

**01** 在【模型输入】选项卡的【模型输入】面板中单击【立面编辑】按钮 ，在图形区中选取轴线 2 后进入榀立面编辑模式。

**02** 在【常用功能】选项卡的【轴线网格】面板中单击【门架】按钮 ，在弹出的【门式钢架快速建模】对话框中取消勾选【设抗风柱】复选框，然后设置梁分段数及分段方式等，如图 6-34 所示。

💬 提示：

建议单击【双坡多跨钢架】按钮，在【双坡多跨钢架参数定义】对话框中设置对称参数。

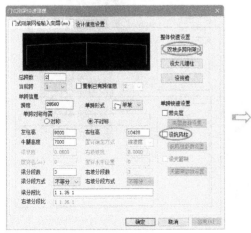 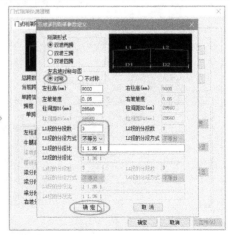

图 6-34 设置双坡多跨钢架参数

**03** 在【设计信息设置】选项卡中设置与边榀钢架相同的设计信息。单击对话框的【确定】按钮，随后自动创建中间榀钢架，如图 6-35 所示。

图 6-35  自动创建的边榀梁

**04** 在【构件布置】面板中单击【柱布置】按钮，在弹出的【PK-STS 截面定义及布置】对话框中有序号 1 和序号 2 钢柱截面（系统自定义的），首先选中序号 1 的截面（边梁的截面），再单击【修改截面参数】按钮，如图 6-36 所示。

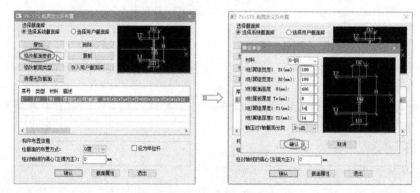

图 6-36  修改钢柱截面尺寸

**05** 在【构件布置】面板中单击【梁布置】按钮，在弹出的【PK-STS 截面定义及布置】对话框中将三种系统自定义的梁截面进行修改，如图 6-37 所示。

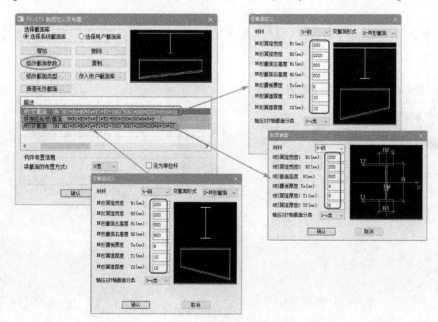

图 6-37  修改梁截面参数

**06** 修改完成的梁效果如图6-38所示。此时右侧的边柱缺少一个牛腿节点，可删除柱节点后分两段绘制边柱，即可得到一个牛腿节点。再次使用【柱布置】工具布置右边柱。

图6-38　修改梁截面后的效果

**07** 此处进行吊车荷载布置、补充数据、截面优化及结构计算等操作，其参数设置与边榀是相同的，这里就不再赘述了。

**08** 在功能区右侧单击【返回模型】按钮，返回STS门式钢结构设计环境中。返回过程中要注意保存文件。此时可看到轴线2和轴线17之间的轴线上同时生成中间榀钢梁，如图6-39所示。

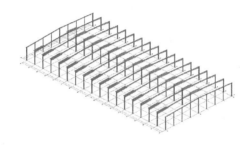

图6-39　显示中间榀钢梁

**09** 至此，应该说已经完成了门式钢架厂房的结构设计与分析。但为了便于创建施工图，后续还要继续进行三维建模操作，比如系杆布置、屋面布置、墙面布置、托梁及吊车布置等。

**3. 系杆布置**

檐口和屋脊的纵向系杆（即连续梁）可以通过系杆布置菜单来完成，首先定义系杆截面，再直接捕捉布置的起始坐标点即可完成，具体操作步骤如下所述。

**01** 单击【显示设置】按钮，取消勾选【显示轴网】和【构件按照三维线框显示】复选框，使图形区中仅显示钢架结构的构件网线，如图6-40所示。

图6-40　显示设置

**02** 在【模型输入】选项卡的【模型输入】面板中单击【系杆布置】按钮✎，在弹出的【PK-STS 截面定义】对话框中增加系杆的截面类型（圆管），如图 6-41 所示。

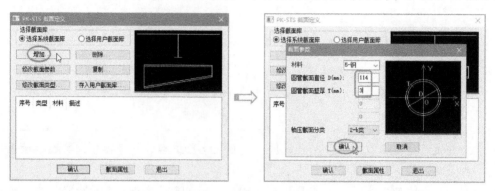

图 6-41　增加系杆截面

**03** 单击【PK-STS 截面定义】对话框的【确认】按钮后，布置 3 条从轴线 1 到轴线 18 的系杆，如图 6-42 所示。

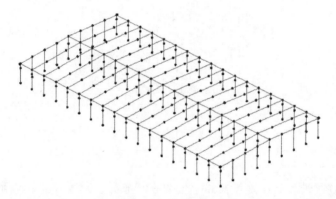

图 6-42　布置系杆

### 4. 屋面、墙面设计

钢结构的屋面与墙面设计必须在完成榀架模型构建之后才能继续操作，屋面与墙面设计的内容主要是进行屋面、墙面围护构件的交互输入、直接点取单根构件进行计算和绘图，形成整个结构的钢材统计和报价。

1）屋面设计的具体操作步骤如下所述。

**01** 在【模型输入】选项卡的【屋面墙面】面板中单击【屋面墙面设计】按钮▥，进入屋面墙面设计模式，此时功能区将显示屋面、墙面设计的相关工具选项卡，如图 6-43 所示。

图 6-43　屋面、墙面设计的工具选项卡

**02** 在【屋面布置】选项卡的【基本】面板中单击【参数设置】按钮 ⚙，将会弹出【门式钢架绘图参数设置】对话框。该对话框中的这些参数主要用来补充钢架围护结构构件在施工图中的信息，若无特殊结构均按默认设置，如图 6-44 所示。

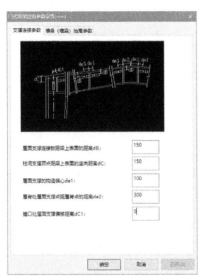

图 6-44　保留默认的参数设置

**03** 本工程厂房为一层，并且系统自动进入的是顶层平面。若厂房由多层结构构成，可单击【选标准层】按钮 🏢 来切换标准层。在【屋面布置】面板中单击【布置支撑】按钮 ⟁，此时图形区下方的命令行中有信息提示：选择矩形房间号布置屋面支撑。根据这个提示选取一个房间号（比如房间号 a），接着选择支撑一侧的梁（如选择最左侧的钢架梁），此时在弹出的【支撑截面定义】对话框中设置如图 6-45 所示的支撑截面参数。

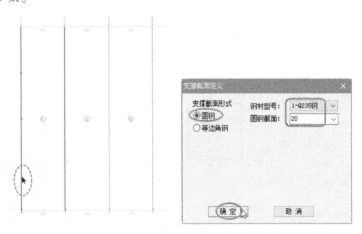

图 6-45　选择房间号并设置截面参数

**04** 根据信息提示在命令行中输入支撑的组数为 4，连续两次按 Enter 键确认后自动生成支撑，如图 6-46 所示。

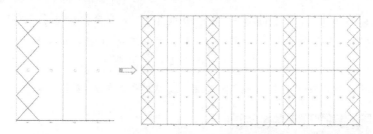

图 6-46　自动生成支撑

**05**　同理，继续选择砌体房间号来布置支撑。

**06**　在【屋面布置】面板中单击【布置系杆】按钮 ✎，在弹出的【钢性系杆截面定义】对话框中设置系杆参数后单击【确定】按钮，接着在屋面中选取两个节点来生成系杆，如图 6-47 所示。同理，继续选取节点来完成其余系杆的布置。

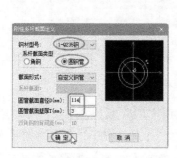
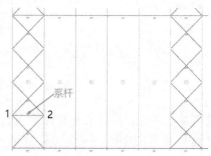

图 6-47　布置系杆

**07**　布置檩条和拉条。在【屋面布置】面板中单击【自动布置】按钮 🖳，在弹出的【自动布置屋面构件信息】对话框中首先设置【檩条参数设置】选项卡中的相关参数，如图 6-48 所示。

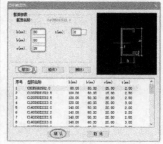

图 6-48　设置檩条布置参数

**08** 在【隔撑参数设置】选项卡中设置隔撑参数，完成后单击【确定】按钮自动布置的檩条与隔撑，如图 6-49 所示。

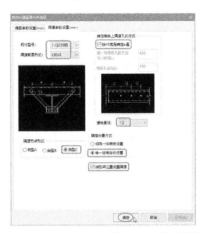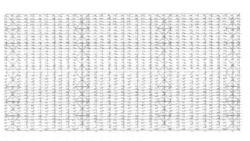

图 6-49　设置隔撑参数并自动布置檩条与隔撑

**09** 在【屋面布置】面板中单击【构件归并】|【全楼归并】按钮，对整个楼层平面中的构件包括支撑、檩条、隔撑、拉条等进行归并，并标注构件标号。

2）轴线 1～轴线 18 间墙面布置的具体操作步骤如下所述。

**01** 切换到【墙面布置】选项卡，单击【选择墙面】按钮，然后选择最下边（轴线编号为 A）的网格线来确定立面，如图 6-50 所示。

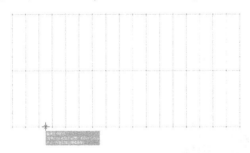

图 6-50　选择网格线来确定立面

**02** 在【墙面布置】选项卡的【墙面布置】面板中单击【布置窗洞】按钮，在弹出的【门、窗洞口参数设置】对话框中设置相关参数后单击【确定】按钮，如图 6-51 所示。

**03** 依次选择网格编号 1～18 来布置窗洞，如图 6-52 所示。

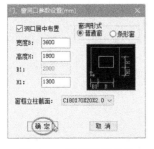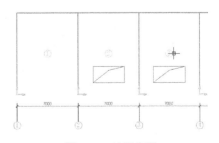

图 6-51　设置窗洞参数　　　　图 6-52　放置窗洞

**04** 单击【布置支撑】按钮 ⊠，按 Enter 键确认命令行中的默认放置方式，然后选择网格号 1。在弹出的【柱间支撑参数设置】对话框中设置支撑类型（双层支撑）及相关参数，单击【确定】按钮来布置支撑，如图 6-53 所示。再以相同的支撑参数来布置网格号 6、12 和 18 中的支撑，完成结果如图 6-54 所示。

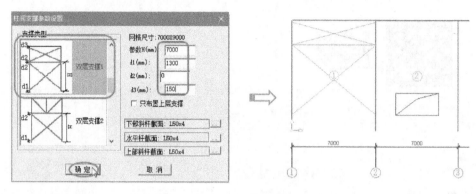

图 6-53　布置支撑

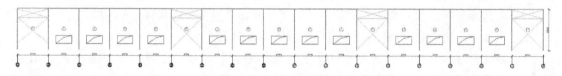

图 6-54　支撑布置完成效果

**05** 单击【自动布置】按钮，在弹出的【自动布置墙面构件信息】对话框中首先取消勾选【自动设置隅撑】复选框，然后设置其他檩条参数，如图 6-55 所示。

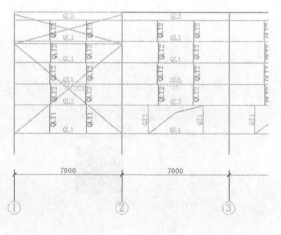

图 6-55　自动布置檩条和拉条

**06** 单击【构件归并】|【全楼归并】按钮 ，对整个墙面中的构件包括支撑、檩条和拉条等进行归并，并标注构件标号。

**07** 在【整体】面板中单击【墙面拷贝】按钮 ，随后在俯视图中选择最下边的网格线（轴线编号为 A）作为源网格线，再选择最上边（轴线编号为 J）的网格线作为模板网格线，系统会自动将完成的墙面布置拷贝到目标网格线上。

3）轴线 A ~ 轴线 J 间的墙面布置的具体操作步骤如下所述。

**01** 继续完成轴线编号 1（也是网格线 1）和轴线编号 18 的墙立面布置，这里仅介绍轴线编号 1 的墙面布置。在【墙面布置】选项卡中单击【选择墙面】按钮 ，选择网格线 1 来确定立面。

**02** 在【墙面布置】选项卡的【墙面布置】面板中单击【布置窗洞】按钮 ，在弹出的【门、窗洞口参数设置】对话框中设置相关参数后单击【确定】按钮，如图 6-56 所示。

**03** 依次选择网格编号 1、2、4、5、7 和 9 来布置窗洞，如图 6-57 所示。

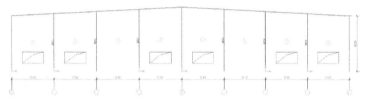

图 6-56  设置窗洞参数　　　　　　　　图 6-57  布置窗洞

**04** 单击【布置门洞】按钮 ，在弹出的【门、窗洞口参数设置】对话框中设置相关参数后单击【确定】按钮。再选择网格编号 3 和 6 来布置门洞，如图 6-58 所示。

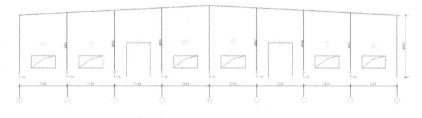

图 6-58  布置门洞

**05** 单击【自动布置】按钮 ，在弹出的【自动布置墙面构件信息】对话框中首先取消勾选【自动设置隔撑】复选框，然后设置其他檩条参数，如图 6-59 所示。

**06** 单击【构件归并】|【全楼归并】按钮 ，对整个墙面中的构件包括支撑、檩条和拉条等进行归并，并标注构件标号。

**07** 在【整体】面板中单击【墙面拷贝】按钮 ，随后在俯视图中选择最左边的网格线（轴线编号为 1）作为源网格线，再选择最右边（轴线编号为 18）的网格线作为模板网格线，系统会自动将完成的墙面布置复制到目标网格线上。

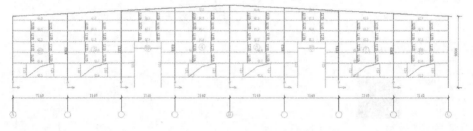

图 6-59　自动布置檩条和拉条

### 6.2.3 结构分析与施工图绘制

钢结构厂房的三维模型建立完成之后，可以进行结构分析和图纸输出了。结构分析主要有屋面构件的分析、墙面构件的分析、抗风柱分析等，施工图包括平面图、立面图及构件的节点详图等。

**1. 屋面构件分析**

屋面构件分析可以进行当前标准层檩条的优化，单个檩条、屋面隅撑的计算，以及屋面构件绘图，同时可进行屋面支撑的计算和绘图，具体操作步骤如下所述。

**01**　切换到【屋面构件设计】选项卡，选项卡中的结构分析工具如图 6-60 所示。

图 6-60　【屋面构件设计】选项卡

**02**　单击【檩条优化】按钮，在弹出的【檩条优化参数设置】对话框中设置相关参数后单击【确定】按钮，系统自动完成屋面檩条的优化，并将优化结果以记事本文件显示，如图 6-61 所示。

图 6-61　檩条优化

提示：

这个檩条优化其实是一个补充，如果前面的参数设置没有任何问题，那么这里就不用进行优化了。

**03** 单击【檩条计算】按钮▷，在图形区中选取一条檩条后会弹出【简支檩条设计】对话框，在该对话框中设置相关参数后单击【计算】按钮，系统自动进行檩条计算，计算结果系统自动用记事本文件打开，如图 6-62 所示。

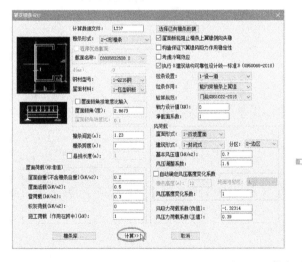

图 6-62　檩条计算

**04** 单击【隔撑计算】按钮▷，在图形区选取一条隔撑后会弹出【隔撑与檩条连接图】对话框。在该对话框中设置相关参数后单击【计算】按钮，系统自动完成隔撑的计算并将保存数据，同时打开计算结果的记事本文件，如图 6-63 所示。

**05** 单击【选择绘图】|【选择檩条】按钮，在弹出的【檩条施工图】对话框中设置檩条的相关参数，保留默认设置后单击【确定】按钮，如图 6-64 所示。

**06** 单击【选择绘图】|【选择拉条】按钮，在弹出的【拉条详图】对话框中设置拉条的相关参数，保留默认设置后单击【确定】按钮，如图 6-65 所示。

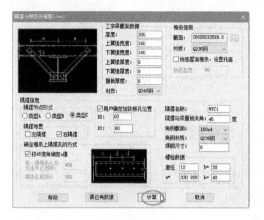

图 6-63　隔撑计算

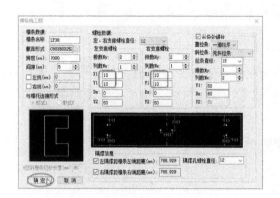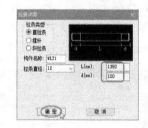

图 6-64　设置檩条施工图参数　　　　　图 6-65　设置拉条详图参数

**07** 单击【选择隔撑】按钮来设置隔撑施工图参数，如图 6-66 所示。

💡提示：

　　如果需要全部绘制这些构件的图纸，可单击【全层檩条】【全层拉条】和【全层隔撑】按钮来设置图纸的内容。

**08** 单击【绘施工图】按钮，在弹出的【绘图参数】对话框中设置相关参数后单击【确定】按钮，如图 6-67 所示。随后自动生成施工图，如图 6-68 所示。

图 6-66　设置其他施工图参数　　　　　图 6-67　设置绘图参数

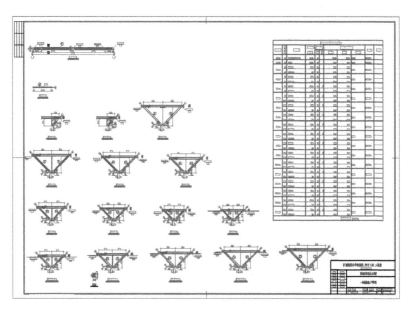

图 6-68　自动生成的施工图

**09** 同理，在【屋面支撑设计】面板中先后单击【支撑计算】【选择支撑】|【选择支撑】【选择支撑】|【选择系杆】和【绘支撑图】等按钮，来创建支撑的施工图，如图 6-69 所示。

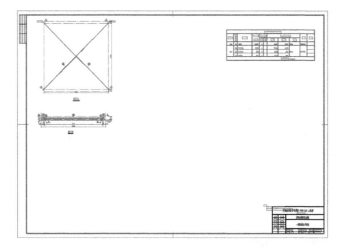

图 6-69　自动生成的支撑施工图

> **提示：**
>
> 　　PKPM 自动生成的施工图一般都需要导入 AutoCAD 软件中进行重新编排整理、修改文字大小、标注尺寸等操作，不能直接作为施工图进行图纸打印。

**2. 墙面构件分析**

墙面构件分析，首先应选择网格线确定立面，然后在选定立面中，可以优化当前立面墙梁，计算单个墙梁、墙面隔撑、柱间支撑，以及绘制墙面构件，具体操作步骤如下所述。

**01** 切换到【墙面构件设计】选项卡，如图 6-70 所示。

图 6-70 【墙面构件设计】选项卡

**02** 与创建屋面构件施工图一样，在【墙面构件设计】选项卡中也是进行相同的操作来创建某一个墙面的墙梁、墙柱、拉条、支撑等构件施工图。钢结构厂房共有四个墙面，所以需要创建四个墙面的布置图。

**3. 抗风柱分析**

抗风柱设计，完成单个抗风柱的计算，以及抗风柱施工图绘制，具体操作步骤如下所述。

**01** 切换到【抗风柱设计】选项卡，如图 6-71 所示。

图 6-71 【抗风柱设计】选项卡

**02** 单击【点取计算】按钮▷，在图形区中选取一个抗风柱后会弹出【抗风柱计算】对话框，在该对话框中设置相关参数后单击【计算】按钮系统自动进行计算，如图 6-72 所示。

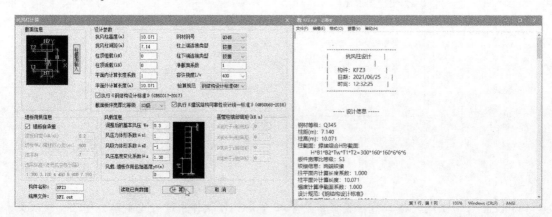

图 6-72 抗风柱计算

**03** 单击【选择构件】按钮，在图形区中选取一个抗风柱后会弹出【抗风柱】对话框，在该对话框中设置相关参数后单击【确认】按钮，如图 6-73 所示。

**04** 单击【绘施工图】按钮，设置施工图参数，单击【确定】按钮自动创建抗风柱施
工图，如图6-74所示。

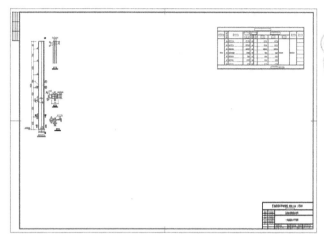

图6-73 选择并设置抗风柱构件　　　　　　图6-74 自动创建抗风柱施工图

**05** 单击功能区右侧的【返回模型】按钮，返回到钢结构设计环境中，图形区中显示
完成的屋面、墙面设计结果，如图6-75所示。

4. 吊车布置与结构分析

吊车布置与结构分析的具体操作步骤如下所述。

**01** 在【模型输入】选项卡的【吊车布置】面板中单击【吊车布置】按钮，在网格
线中选取牛腿节点来定义吊车标高，如图6-76所示。

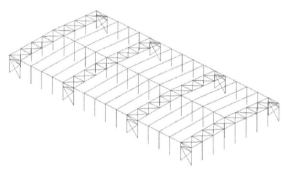

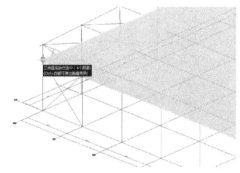

图6-75 屋面、墙面设计结果　　　　　　图6-76 定义吊车标高

**02** 功能区将会弹出【吊车布置】选项卡，如图6-77所示。图形区显示吊车布置的平面
视图。

图6-77 【吊车布置】选项卡

**03** 在【吊车布置】选项卡中单击【定义布置】按钮，在弹出的【设置吊车布置信息（门架三维）】对话框的【吊车资料输入】选项卡中新增吊车资料并修改其他参数，如图 6-78 所示。

⬤ 提示：

新增吊车资料可参考前面图 6-23 中吊车荷载数据的导入过程。

**04** 切换至【工字形吊车梁参数】选项卡，单击【新增】按钮在弹出的【工字形吊车梁信息输入】对话框中增加吊车梁截面参数，完成后单击【确定】按钮，如图 6-79 所示。

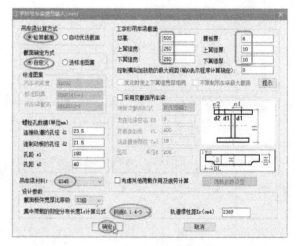

图 6-78 新增吊车数据资料      图 6-79 新增吊车梁截面信息

**05** 在图形区中选取 4 个网格节点来布置第一条吊车梁和吊车，如图 6-80 所示。

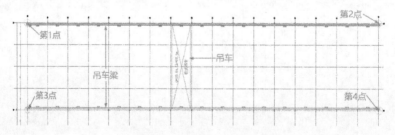

图 6-80 布置吊车及吊车梁

**06** 选取四个网格线节点来布置第二台吊车及吊车梁，如图 6-81 所示。

**07** 单击【自动计算】按钮▷，自动完成吊车梁的分析。单击【计算书】按钮，生成吊车梁的计算书。

**08** 单击【返回模型】按钮系统自动完成牛腿、吊车及吊车梁的整体结构分析，并返回钢结构设计环境中。

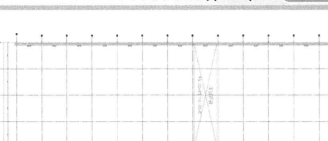

图 6-81 布置完成的吊车及吊车梁

**5. 钢结构厂房的整体结构计算**

钢结构厂房的整体结构计算的具体操作步骤如下所述。

**01** 切换至【自动计算】选项卡,单击【计算】面板中的【形成数据】按钮 ，在弹出的【形成计算数据】对话框中单击【确定】按钮,完成模型初始化,如图 6-82 所示。

图 6-82 形成数据

**02** 单击【自动计算】按钮 ，系统自动完成计算。可在【结果查看】面板中查看相关计算结果,最后保存数据文件。

**03** 至此,完成了本工程的钢结构厂房的设计与结构分析。

## 6.3 门式钢结构三维效果图制作案例

钢结构设计完成后,可以利用 PKPM 提供的门式钢结构三维效果图模块进行最终的效果图渲染,以便设计师通过三维效果图能及时调整设计方案。

"门式钢架三维效果图"软件可以快速生成逼真的三维效果图,使设计人员可以从不同角度感受设计方案。主要功能特点如下所述。

- 能真实地用三维实体方式表示钢架主构件(钢架梁、钢架柱等)、围护构件(檩条、支撑、拉条等)。
- 自动铺设屋面板、墙面板:根据围护构件信息自动计算屋面板、墙面板的铺设区域并铺板。墙面板铺板时可自动考虑洞口，留出洞口位置。

- 自动形成门、窗洞口以及雨篷：门、窗洞口是根据屋面、墙面中布置的洞口信息，自动取得洞口几何信息并用缺省材质体现洞口真实效果，自动生成门洞顶部的雨篷。
- 自动设置包边：自动在屋面板和墙面板相连位置、墙面板和墙面板相连位置、门窗洞口四边位置进行包边处理，使效果图更加逼真。
- 自动形成厂房周围道路、场景设计：可自动在厂房外部设计道路、种植草坪、布置路灯等，形成厂房周围环境，使设计者可感受厂房建成后的实际效果。可交互布置天沟和雨水管，并提供相应的编辑功能。

### 6.3.1 "门式钢架三维效果图"模块介绍

"门式钢架三维效果图"软件是在 PKPM 三维图形平台 PKPM3D 基础之上开发的，该平台智能化程度高且操作步骤简单、易学易用。利用"门式钢架三维效果图"平台不但可以进行绘图和编辑操作，还可以进行动画制作、渲染等功能，更是结合了门式钢架设计的特点，定制了专业菜单。

"门式钢架三维效果图"模块必须是用户完成了门式钢架三维设计之后才可使用。在 PKPM 主页界面的【钢结构】模块中选择【钢结构厂房三维设计】|【门式钢架三维效果图】分模块，再双击之前用户定义的门式钢结构厂房路径（该路径中必须有保存的门式钢结构文件），即可进入"门式钢架三维效果图"平台中，如图 6-83 所示。

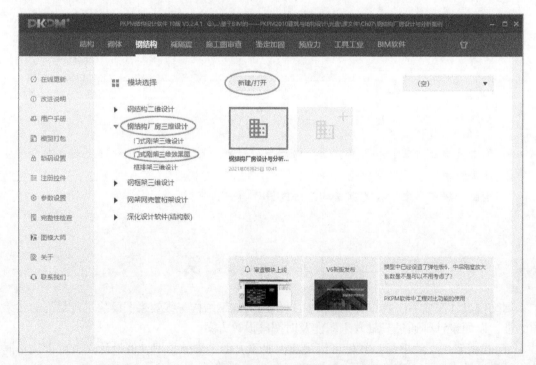

图 6-83 【钢结构厂房三维设计】分模块的选择

当双击工程文件路径并进入"门式钢架三维效果图"平台之后，系统会自动计算门式钢结构厂房的数据信息，并匹配一些场景模型给该门式钢结构，如图 6-84 所示。

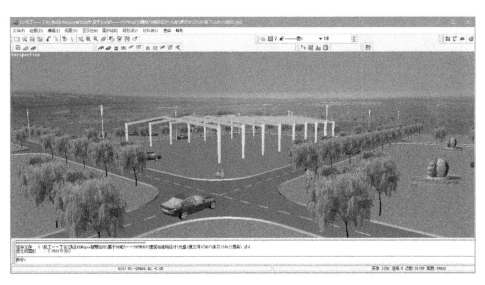

图 6-84　"门式钢架三维效果图"平台

## 6.3.2　制作门式钢架三维效果图

下面以现有的门式钢架的结构模型进行三维效果图制作，具体操作步骤如下。

**1. 布置厂房**

布置厂房的具体操作步骤如下所述。

**01** 完成了门式钢结构厂房的设计与结构分析之后，保存文件并关闭软件窗口，将返回到 PKPM 主页界面中。

**02** 在 PKPM 主页界面的【钢结构】模块中选择【门式钢架三维效果图】分模块，再双击本工程项目的工作目录，自动进入到门式钢架三维效果图制作环境中，软件系统将初步完成门式钢架厂房的三维效果制作，如图 6-85 所示。

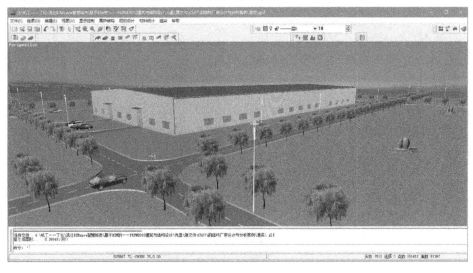

图 6-85　初步完成的门式钢架三维效果图

**03** 该三维效果图制作环境的视图操作方法如下。

- Ctrl + 中键 = 旋转视图。
- 按下中键 = 平移视图。
- 滚动中键 = 缩放驶入。

**04** 在图形区上方的是【围护结构】工具栏，工具栏中的工具用来布置厂房的屋面板、墙面板、门、窗、天沟和雨水管等设施，如图 6-86 所示。

图 6-86 【围护结构】工具栏

**05** 在初步形成的三维效果图中，已经存在这些厂房设施。接下来一一进行更改替换。在【围护结构】工具栏中单击【铺设屋面板】按钮，在弹出的【屋面彩钢板】对话框中设置屋面板类型并单击【选择材质图片】按钮，在弹出的【选择图像文件】对话框中选择新的材质图片，最后单击【确定】按钮，完成屋面板的更改，如图 6-87 所示。

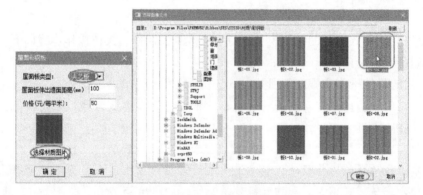

图 6-87 设置屋面板类型并更改材质

**06** 单击【铺设墙面板】按钮，在弹出的【墙面彩钢板】对话框中设置【墙面板类】为【夹芯板】，【墙板底面距地面距离】为 1300，最后单击【确定】按钮完成墙面板更改，如图 6-88 所示。

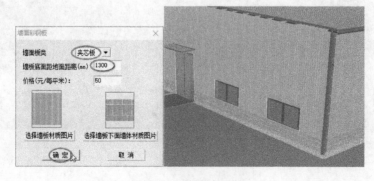

图 6-88 修改墙面板

**07** 单击【窗】按钮 ，在弹出的【洞口材质选择】对话框中单击【选择窗洞口材质】按钮，在弹出的【选择图像文件】对话框中重新选择新的窗材质，如图**6-89**所示。

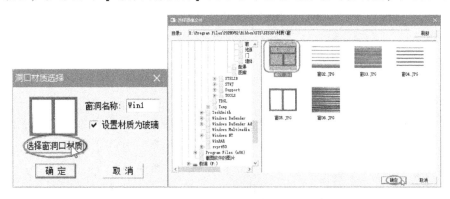

图 6-89　选择新的窗材质

**08** 单击【布置天沟】按钮 ，在弹出的【天沟参数设置】对话框中设置天沟的相关参数后单击【确定】按钮，在视图中选择要添加天沟的屋面板和墙面板以完成天沟的布置，如图**6-90**所示。一次只能布置一条天沟，同样在另一侧也添加相同的天沟。

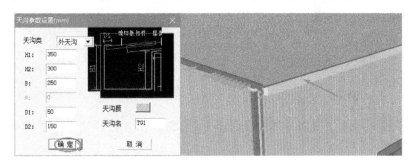

图 6-90　布置天沟

**09** 单击【布置雨水管】按钮 ，在弹出的【雨水管参数定义】对话框中保留默认参数后单击【确定】按钮。然后在视图中选择天沟来布置雨水管，如图**6-91**所示。一次只能布置一条天沟的雨水管，同样在另一侧也布置相同的雨水管。

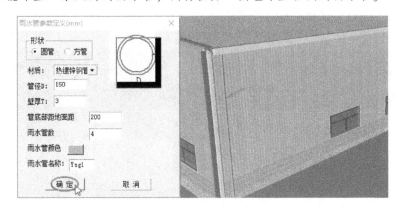

图 6-91　布置雨水管

**10** 使用【规划设计】工具栏中的工具可以进行植物布置、道路规划设置、配景制作和周边环境（园林设施）添加等操作，如图6-92所示。

图6-92 【规划设计】工具栏

**11** 单击【种植设计】按钮，在弹出的【种植设计】对话框中单击【片植】按钮后，在弹出的【片植对话框】对话框中选择【随机】型，选中【鼠标依次选点组成边界线】单选按钮，接着单击【插入植物】按钮，如图6-93所示。

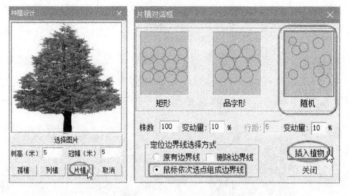

图6-93 植物布置设置

**12** 在视图中选取多个点来组成封闭区域，系统会自动在区域中布置植物，如图6-94所示。

> ⊙提示：
> ┈┈┈┈┈┈┈┈┈┈┈┈┈┈┈┈┈┈┈┈┈┈┈┈┈┈┈┈┈┈┈┈┈┈┈┈┈┈┈┈┈┈┈┈
> 在视图中选取点来创建封闭区域，实际上是绘制封闭多边形，绘制后右击鼠标键，再选择【闭合】命令并继续右击，即可自动布置植物。

**13** 同理，返回【种植设计】对话框中还可选择其他植物，再到其他区域布置植物，最终的植物布置完成效果如图6-95所示。

图6-94 布置完成的植物效果

**14** 如果需要修改默认生成的道路，可单击【道路生成】按钮▦，在弹出的【设置路宽】对话框中设置路宽参数，单击【确定】按钮绘制新的路线即可自动创建新道路。

**15** 单击【材料信息】按钮▦，将打开记载材料信息的记事本文件，从中查看整个工程项目用于建筑设计的材料统计信息，可用于建筑成本核算及材料采购，如图6-95所示。

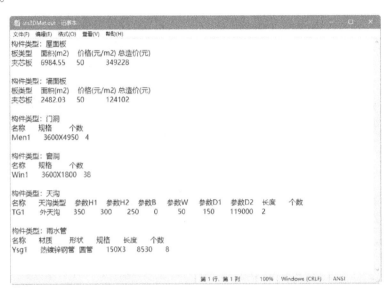

图6-95 材料信息

### 2. 渲染

渲染的具体操作步骤如下所述。

**01** 在【渲染】工具栏中单击【材质列表】按钮▦，图形区左侧会弹出材质面板和属性面板，如图6-96所示。

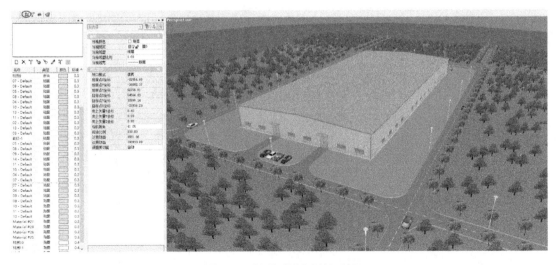

图6-96 材质面板和属性面板

**02** 在视图中选择某一种材质，将会在材质面板中显示该材质。比如选择屋面夹芯板，材质面板中就会显示改材质的属性，包括颜色、贴图、环境光强度系数、图层管理及视口参数等，如图 6-97 所示。用户可根据实际的材质表现进行属性设置。当然在前面替换或修改这些材质时已经确定了相关的属性参数，也就没有必要再重新修改一次了。

图 6-97　选择材质显示属性参数

**03** 任何渲染场景中都必须有光源的存在，否则渲染出来的效果很一般。在这种室外大环境中，系统通常会给出一定强度的环境光源，如果是阴天，就保留默认的环境光源即可，如果是烈日高照的晴天，那就需要添加辅助光源来表达日光。在【渲染】工具栏中单击【光源】按钮，在弹出的【光源】对话框中包含 5 种类型的光源，如图 6-98 所示。

💿提示：

    点光就是从一点发散出来的光源，主要用于室外太阳、室内白炽灯及其他点射光源；锥光就是聚光灯，用于室内的聚光灯、舞台聚光灯等；平行光主要是模拟电筒灯光、室内阳光照射之类的光源；柱光就是柱形灯光；面光是指平板光源，比如室内窗户在没有阳光时，模拟自然光源。

**04** 能模拟日光的就是【点光】类型，单击【点光】按钮，在厂房上空的任意位置放置点光源，如图 6-99 所示。

图 6-98　光源类型

图 6-99　放置点光源

**05** 在【渲染】工具栏中单击【相机】按钮 📷，然后在视图中确定一个观察点，然后拖动相机框以确定相机的镜头大小和焦距，如图6-100所示。

**06** 用户可以多设置几个相机，以便渲染后能从多角度来观察环境。图6-101所示为在厂房周边创建的4个相机。

 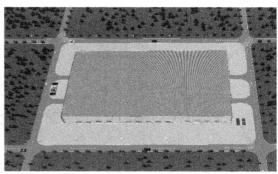

图6-100 创建相机　　　　　　　　　　图6-101 厂房周边创建了4个相机

**07** 在【渲染】工具栏中单击【三维渲染图】按钮 🖼，在弹出的【渲染参数设置】对话框中设置【公用设置】选项卡中的相关信息及参数，如图6-102所示。

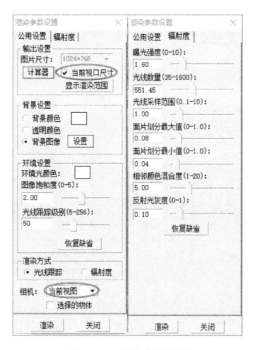

图6-102 渲染参数设置

💿提示：

默认的渲染视图就是当前视图，如果要渲染出从相机角度进行观察的视图，可在【相机】列表中选择相机视图。

**08** 设置完成后单击【渲染】按钮，系统自动完成三维效果图的最终渲染，如图 6-103 所示。

图 6-103　渲染完成的最终三维效果图